化学化工国家级实验教学示范中心(北京石油化工学院)

化学工程与工艺专业实验

(第二版)

王新承　罗国华　主编

中国石化出版社
·北京·

内 容 提 要

本实验教材旨在为化学工程与工艺专业的学生提供全面的实验指导，涵盖了从基础实验到综合实验的多个方面。教材内容包括实验室守则、安全与环保制度，以及 19 个具体实验项目，如乙苯催化脱氢反应与产物分离工艺、小型提升管重质油催化裂化、色谱法无限稀释活度系数测定、固体小球对流传热系数测定等。每个实验项目均详细介绍了实验目的、实验原理、实验仪器与药品、实验步骤、实验数据处理，并配有思考题，旨在帮助学生掌握实验操作技能、理解化工基本原理，同时培养其分析和解决问题的能力。通过本教材的学习，学生将能够深入理解化工过程的基本原理，掌握实验操作技巧，并为未来的科研和工程实践打下坚实基础。

图书在版编目(CIP)数据

化学工程与工艺专业实验 / 王新承，罗国华主编. 2 版. — 北京 ：中国石化出版社，2025. 7. — ISBN 978-7-5114-7948-8

Ⅰ. TQ016

中国国家版本馆 CIP 数据核字第 20258N8D21 号

中国石化出版社出版发行

地址：北京市东城区安定门外大街 58 号

邮编：100011 电话：(010)57512500

发行部电话：(010)57512575

http://www.sinopec-press.com

E-mail：press@sinopec.com

北京艾普海德印刷有限公司印刷

全国各地新华书店经销

*

787 毫米×1092 毫米 16 开本 8.5 印张 205 千字

2025 年 7 月第 2 版　2025 年 7 月第 1 次印刷

定价：32.00 元

《化学工程与工艺专业实验》(第二版)

编 委 会

主编：王新承　罗国华

编者：张秀涛　杨　锐　杨索和

禹耕之　刘清龙　古芳娜

慕　朝　杨欢欢　靳海波

何广湘　葛明兰　易玉峰

前　　言

化学工程与工艺专业是一门理论与实践紧密结合的学科，而实验教学是化工专业学生从理论学习走向工程实践的重要桥梁，也是培养学生综合素质和创新能力的有效途径。本实验教材的编写旨在为化学工程与工艺专业的学生提供系统、全面的实验指导，帮助他们在实验过程中掌握化工操作的基本技能，理解化工过程的原理，为未来的科研和工程实践打下坚实的基础。

随着化工技术的不断进步，实验教学内容也需要与时俱进。现代化学工程深度融入新能源、环境保护、生物化工、材料科学等新兴领域，且与“双碳”目标紧密相连。因此，新版《化学工程与工艺专业实验》在第一版的基础上，对全书内容进行了较大幅度的更新、修改与完善，既保留了经典的化工实验项目，又融入了前沿实验内容，旨在拓宽学生的视野并激发其创新思维与科研兴趣。

一、教材内容概述

本教材共包含19个实验项目，涵盖了催化反应、传热传质、分离工艺、生物质转化等多个领域。每个实验项目均详细介绍了实验目的、实验原理、实验仪器与药品、实验步骤、实验数据处理，并配有思考题，力求做到理论与实践相结合，帮助学生从实验中获取知识、提升能力，并强化“双碳”和节能环保意识。

1. 基础实验：如乙苯催化脱氢反应、小型提升管重质油催化裂化等实验，旨在帮助学生掌握化工过程中的基本操作技能，理解催化反应、传热传质等基本原理。

2. 分离与纯化实验：如填料塔轴向返混性能测定实验、筛板精馏实验等，帮助学生掌握分离技术的基本原理和操作技巧，理解分离过程中的传质规律。

3. 前沿实验：如生物质电催化氧化联产绿氢综合实验、CO_2催化加氢制甲醇综合实验等，结合现代化工技术的发展趋势，帮助学生了解新能源、环境保护等领域的先进技术。

4. 综合实验：如酰基化反应制2–乙酰呋喃及其产物分离综合实验等，通过综合性的实验设计，培养学生的综合运用能力和创新思维。

二、实验教学的安全与环保

化工实验往往涉及高温、高压、易燃易爆、有毒有害等危险因素，因此，实验操作必须严格遵守安全规范。本教材在编写过程中，特别强调了实验室守则和安全操作规范，确保学生在实验过程中能够安全、规范地进行操作。

教材开篇即详细列出了实验室实验守则和实验室安全与环保制度，要求学生在实验前必须进行充分的预习，了解实验原理和操作步骤，掌握实验设备的使用方法。在实验过程中，学生必须穿戴必要的防护装备，如实验服、手套、护目镜等，严格按照操作规程进行实验。实验结束后，学生需及时清理实验现场，妥善处理实验废液、废气，确保实验室环境的安全与整洁。

此外，教材还特别强调了环保意识。化工实验往往会产生一定的废弃物，如何减少实验对环境的影响，是每个化工从业者必须面对的问题。本教材在实验设计中，尽可能采用绿色化学的理念，减少有害物质的使用，提倡循环利用和废物资源化处理，帮助学生树立环保意识，培养可持续发展的理念。

三、教材的特色与创新

本教材注重实验内容的系统性和实用性，力求做到理论与实践相结合。每个实验项目均从实验目的出发，详细介绍了实验原理、实验仪器与药品、实验步骤、实验数据处理并配有思考题，帮助学生全面掌握实验内容。同时，教材紧密结合“双碳”和节能环保理念，引入了如生物质电催化氧化联产绿氢、CO_2催化加氢制甲醇等前沿实验内容，以拓宽学生的视野，激发他们的创新思维。

四、致谢

本教材的编写得到了莱帕克(北京)科技有限公司的大力支持，在此表示衷心的感谢。同时，我们也感谢所有参与编写和审校的同事，他们的辛勤付出使本书得以顺利完成。

五、结语

本教材的编写旨在为化学工程与工艺专业的学生提供系统、全面的实验指导，帮助他们在实验过程中掌握化工操作的基本技能，理解化工过程的原理，树立“双碳”和节能环保意识，并为未来的科研和工程实践打下坚实的基础。希望本教材能够为学生的学习和成长提供有益的帮助，助力他们在化工领域取得更大的成就，为实现“双碳”目标和推动节能环保事业贡献力量。

目　　录

实验室实验守则

一、学生应按预定时间进行实验。做好实验前的预习准备工作，凡没有预习、预习考核不达标或不穿实验服者均不得进入实验室参与实验。

二、严格遵守实验室的各项规章制度，遵守纪律，保持室内安静、整洁。

三、服从指导教师的指导，严格按照操作要求做好实验准备，待指导教师检查许可后，方可启动仪器设备。禁止动用与实验无关的仪器设备，凡因违反操作规程而损坏仪器设备者，须按照有关规定进行赔偿。

四、实验过程中，要认真观察，详细记录相关实验数据，不许抄袭他人的实验数据，不允许擅自离开操作岗位。如发现仪器异常或机器故障，应立即切断电源或停止实验，并及时报告指导教师。

五、实验完毕应及时将仪器设备及其他用具归放原位，待指导教师检查合格后，方可离开。严禁将实验室物品带出实验室。

六、学生进入开放实验室做自行设计的实验时，应事先和有关实验室联系，报告自己的实验目的、内容和所需要实验仪器，经同意后，在实验室安排的时间内进行。

七、学生因某项实验不合格需要重做，或未按规定时间做实验而需要补做者，必须交纳实验仪器设备折旧费、实验器材和水电消耗费。

八、学生实验结束，须留一组人员清扫实验室。经教师检查合格后，方可离开实验室。

实验室安全与环保制度

一、做好实验室的技术安全、环境保护和消防工作是关系到人身和财产安全的大事，是确保学校教学、科研工作正常进行的前提条件。实验室工作人员及参加实验的人员必须认真学习有关安全知识和安全制度。

二、实验室内安全设施必须齐全有效、安全标志标识完整醒目。

三、实验室内贵重、精密、稀缺仪器应由专人管理、使用和保养。特种作业人员要持证上岗。

四、实验室内易燃、易爆、剧毒、放射性物品应按应急管理部有关危险品的使用与管理相关规定执行。

五、做危险性实验时必须经实验室主任批准，同时必须至少有一人在场方可进行，节假日和夜间严禁做危险性实验。做有害性气体的实验时必须在通风橱内进行。做放射性、激光等可能对人体危害较重的实验，应制定严格的安全措施，做好个人防护。

六、对废气、废液、废渣，应按照有关规定妥善处理，不得随意排放，不得污染环境。新建、扩建、改建实验室时必须将有害物质、有毒气体的处理列入工程计划一起施工，妥善处理。

七、实验室内严禁烟火、严禁食宿、严禁存放个人财物。

八、实验涉及经济保密、公文保密和国防保密的，要按有关部门的规定执行。未经许可，严禁无关人员进入实验室。

九、实验室要设立安全员，负责督促检查本实验室安全工作。

十、每日最后离开实验室的人员要负责水、电、气、门窗等的安全检查。

十一、实验室如发生事故，应采取急救措施，同时保护现场，并立即报告有关部门。

实验一　乙苯催化脱氢反应与产物分离工艺实验

一、实验目的

(1) 了解乙苯脱氢反应装置的结构和功能。

(2) 掌握乙苯脱氢反应装置操作方法。

(3) 掌握乙苯脱氢反应产物的分析方法。

(4) 了解乙苯脱氢的主反应和副反应，以及工艺条件对反应的影响。

(5) 掌握填料塔的开车过程，会计算填料塔的等板高度和理论板数。

二、实验原理

苯乙烯作为合成橡胶及合成树脂的重要有机化工原料，是仅次于聚乙烯(PE)、聚氯乙烯(PVC)、环氧乙烷(EO)的乙烯衍生产品。乙苯(沸点：136.2℃)催化脱氢法是生产苯乙烯(沸点：145.2℃)的主导技术路线，约占苯乙烯生产能力的90%。

1. 主反应

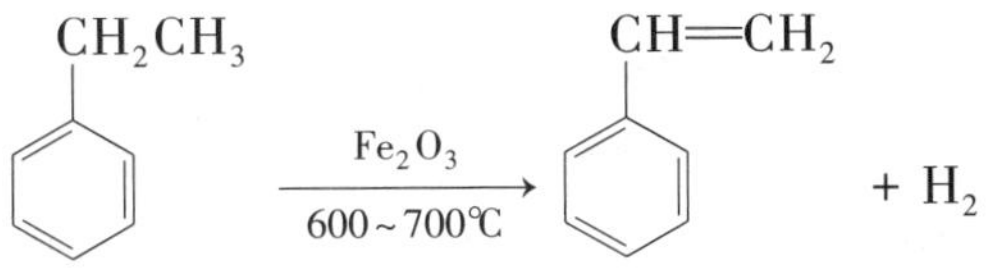

2. 副反应

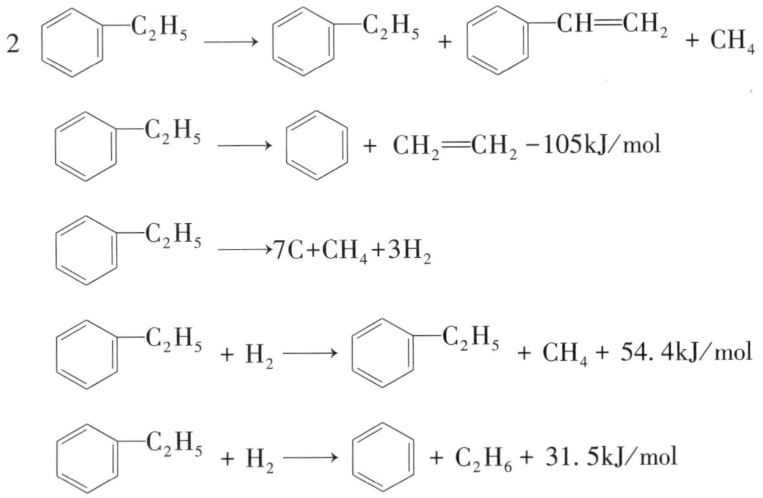

3. 反应影响因素

（1）反应温度的影响

乙苯脱氢是强吸热反应，温度是乙苯脱氢制苯乙烯催化剂最敏感的参数。工业上反应温度通常在600℃以上。工业生产中随着运行时间的延长，催化剂的活性缓慢衰退，为了维持乙苯转化率、保证苯乙烯产量，会逐步提高反应温度以维持合理的反应活性。温升空间大，提温速度慢，催化剂在工业装置上可以运行更长周期。

（2）水比的影响

乙苯脱氢反应是分子数增加的反应，苯乙烯工业生产过程中耗用大量水蒸气作为脱氢介质，通入水蒸气可降低乙苯的分压，有利于乙苯转化率的提高，起到与降低反应压力一样的效果，工业装置生产实践表明，在其他条件不变的情况下，压力每降低 10kPa，乙苯转化率就提高 2%。目前，国内的大部分装置水比都在 1.35 以上。

（3）反应压力的影响

反应压力对催化性能影响明显，降低反应压力的同时有利于乙苯转化率和苯乙烯选择性的提高。

（4）空速的影响

随着乙苯空速的增加，乙苯转化率逐渐下降，苯乙烯选择性有所提高。对工业装置来说，空速太高，反应物在催化剂床层中的停留时间过短，乙苯没有充分反应，转化率低，分离系统精馏负荷大，乙苯循环量大，装置生产能力低；而空速太低又会使乙苯在催化剂床层中停留时间过长，副反应增加，苯乙烯选择性降低，物耗上升。

4. 催化剂

乙苯催化脱氢工艺的技术关键是选择高活性和高选择性的催化剂。经过多年改进和发展，乙苯催化脱氢催化剂初期使用的锌系、镁系催化剂逐步被综合性能更优异的铁系催化剂所取代。铁系催化剂以氧化铁为主要活性组分、氧化钾为主要助催化剂。20 世纪 80 年代以来，乙苯催化脱氢催化剂的研究经历了几个重要转变：一是催化剂组成从 Fe-K-Cr 向 Fe-K-Ce 转变，消除由 Cr 引起的环境污染；二是催化剂组成从高钾型向低钾型转变，解决高钾型催化剂存在的钾流失问题；三是苯乙烯生产工艺由高水比向低水比转变，减少苯乙烯生产过程的蒸汽耗量，降低生产成本；四是催化剂的使用寿命明显延长，一般约两年，满足工业生产装置长周期运转的需要。

5. 未来发展趋势

乙苯脱氢生产苯乙烯技术已经相当成熟，最新发展趋势是降低原材料的消耗和提高能效。水的汽化潜热很大，苯乙烯生产过程耗用大量过热水蒸气作为脱氢介质使得该工艺能耗大、产物冷凝量大和过程设备费用高。使用低水比催化剂节能降耗成为苯乙烯企业特别是大型苯乙烯企业的迫切需要。

三、实验仪器及药品

1. 实验仪器

乙苯脱氢装置是用于气固相催化反应与分离的模拟实验专用装置，工艺流程见图 1，装置分为反应系统和精制分离系统两部分，前者为不锈钢材料制成，后者为玻璃填料塔。

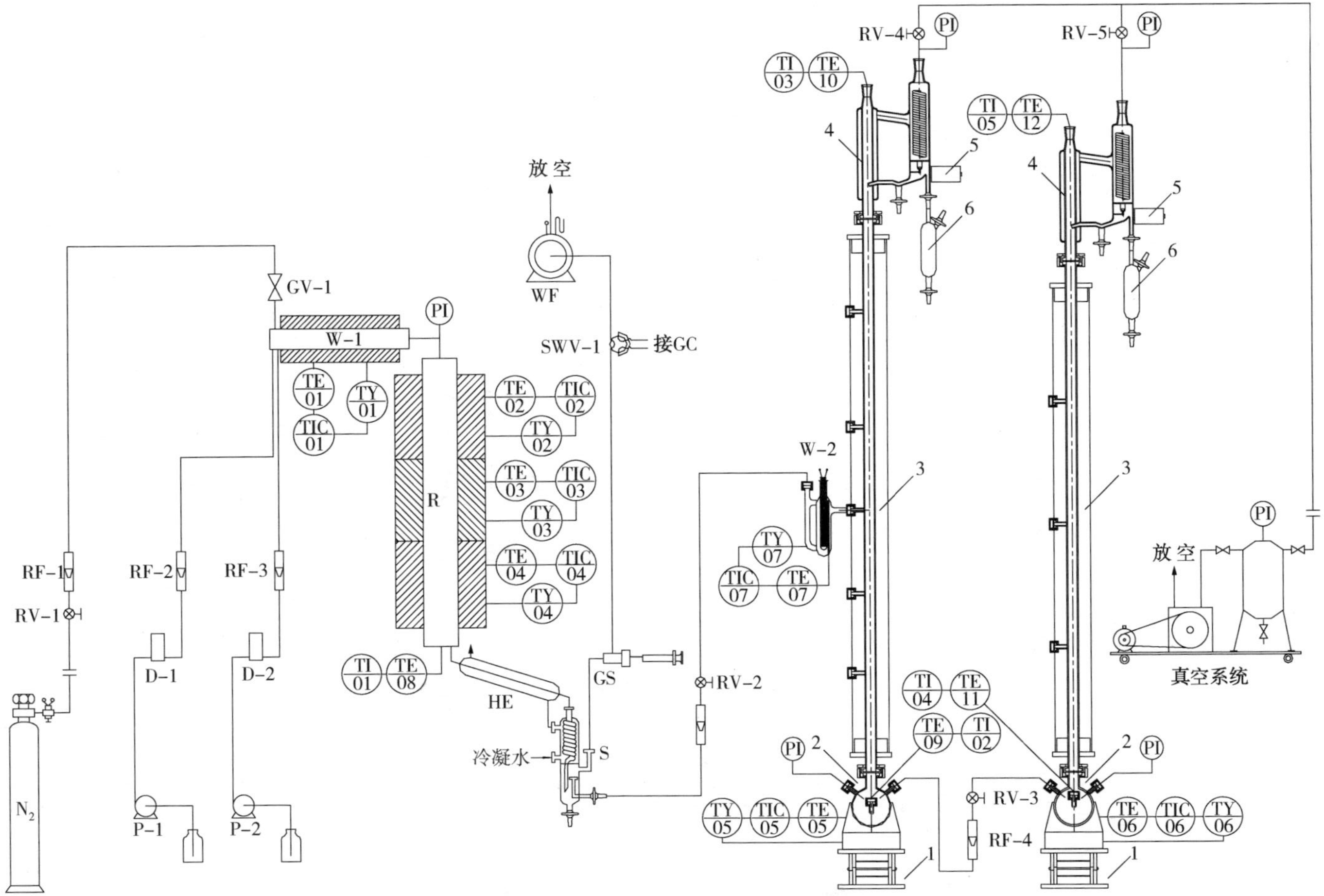

符号	名称
1	升降台
2	塔釜
3	塔体
4	塔头
5	电磁线圈
6	收集瓶
PI	测压
TI	测温
TE	热电偶
TIC	控温
TY	加热元件
D	阻尼器
P	加料泵
WF	湿式流量计
GS	气体取样器
S	分离器
HE	换热器
R	反应器
W	预热器
AC	干燥器
RF	转子流量计
RV	调节阀
SWV-1	六通阀
GC	气相色谱
GV	球阀

图1　乙苯脱氢装置带控制点工艺流程图

反应系统中的固定床反应器为凹凸面连接，中间加柔性石墨垫及螺帽拧紧密封，加热采用管式加热炉，为三段电加热，自动控温。反应器可从炉中拉出，方便装填催化剂。管路部分采用卡套式和硅橡胶密封垫连接方式。控温采用智能化精度较高的温度控制仪表。仪表测温与控温可任意选用各种类型温度传感器。乙苯脱氢装置采用带补偿导线热电偶。分离系统由两个带透明膜电加热保温的填料塔组成。物料流程为反应物经泵打到预热器，经过预热汽化后进入反应器，反应产物经直管冷凝器进入气液分离器，液体进入油水分离器，气体进入湿式流量计计量后排空。油层被真空抽到分离系统的第一精馏塔，在塔顶脱出未反应的乙苯，釜液进入第二精馏塔，最后在两塔顶部馏出纯度较高的苯乙烯。

2. 实验试剂

实验用试剂包括：乙苯、蒸馏水、对苯二酚(阻聚剂，防止苯乙烯常温下聚合)、苯乙烯(用于分离系统开车)。

产物采用气相色谱仪分析，氢火焰离子检测器，15%DNP/白色担体填充柱。

四、实验步骤

1. 反应系统的操作

(1) 催化剂的填装。拆开上下口所有连接接头，将反应器从炉上方拉提出，卸出原装填物，拉出测温 3mm 套管，用丙酮或乙醇清洗反应器内部及套管，清洗干净后吹干，连接好下口接头，插入测温套管及催化剂支撑管和不锈钢支撑网，放少许耐高温硅酸铝棉或加入少量粗粒惰性物体(装催化剂时要将其放在反应器中心位置)。最后将上部接头的测温套管安装好，拧紧小螺帽，保证测温管不移动，再卸开下部接头，放在炉内，连接好上下口接头，插入测温热电偶。

(2) 检查电路与测温热电偶线路位置是否与标识相符。无误后可进行管路试漏。(第一次全流程管路试漏，此后仅对反应器进行试漏即可)

(3) 气密性检验。充氮压力至 0.1MPa，保持 5min，如果压力计指针不下降为合格，可开始升温操作。如果有下降，可通过涂拭肥皂水检查各处是否有气泡。如有漏点，用扳手拧紧后再试，直至压力不下降。

(4) 开车。

步骤 1：将气液分离器通冷却水。

步骤 2：开启控温开关，仪表有显示(图 2)。温度控制的数值给定要按仪表的∧、∨键，在仪表的下部显示出设定值。当给定值和参数值都给定后控制效果不佳时，可将控温仪表参数 CTRL 改为 2 再次进行自整定。自整定需要一定时间，温度经过上升、下降、再上升、再下降、类似位式调节，很快就达到稳定值。升温时要将仪表参数 Oph 控制在 20，此时加热仅以 20%的强度进行，电流值不大，以后可提高该值，但不能超过 80，以防止过度加热，而热量不能及时传给反应器则造成炉丝烧毁。控温仪表的使用应仔细阅读 AI 人工智能工业调节器的使用说明书，没有阅读该使用说明书的人，不能随意改动仪表的参数，否则仪表不能正常进行温度控制。

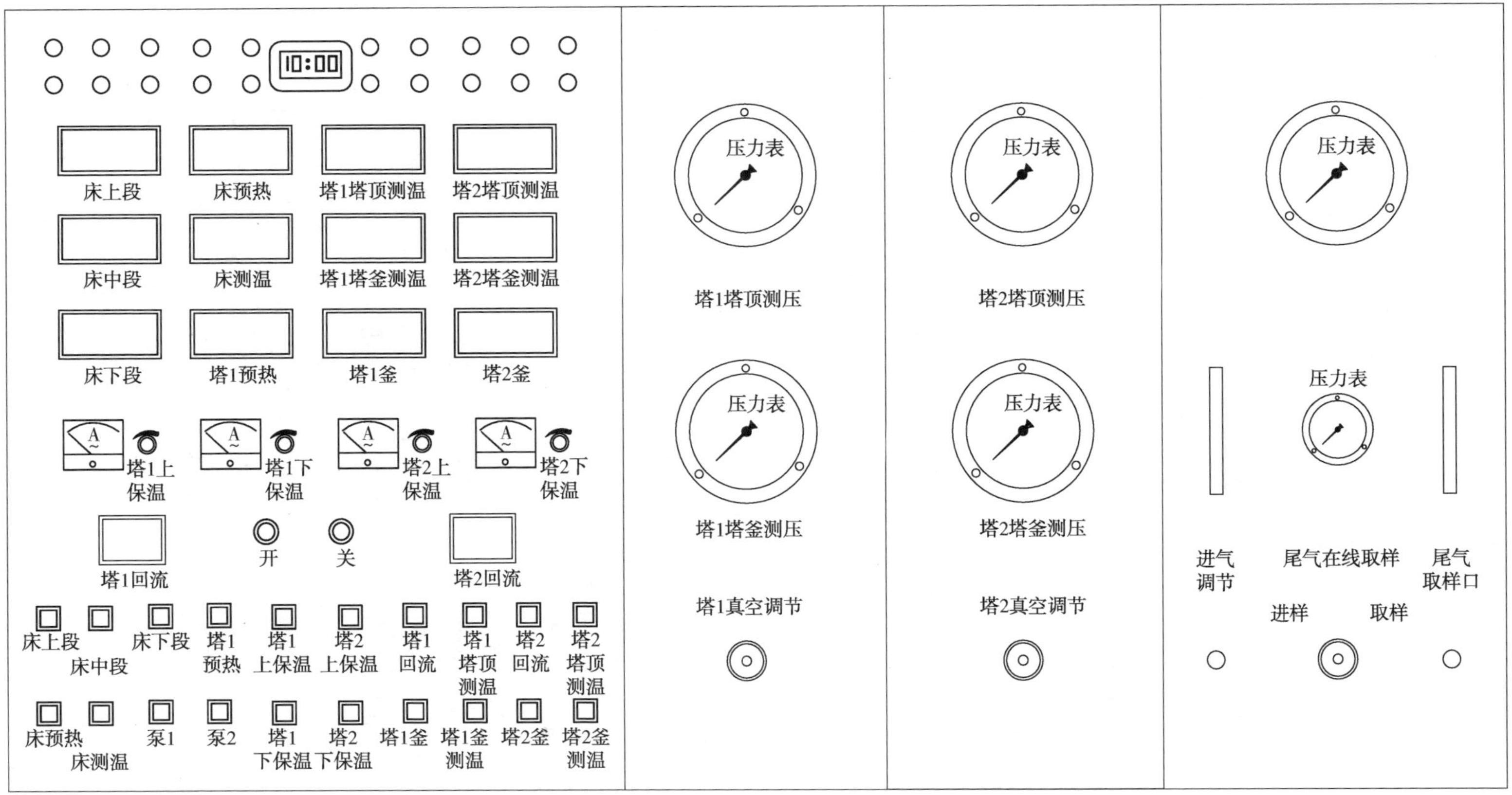

图2　乙苯脱氢工艺装置控制面板布置图

控温注意事项：

① 反应器控温是依靠插在电炉中的热电偶传感器传导毫伏信号而进行的。这时因它在加热区内，温度要比反应器内温度高许多，调整温度给定值，则可达到床内反应温度要求，经过数次测试即可找到最佳温度给定值。如不理想，可先进行仪表自整定操作，还不理想，再检查热电偶插入位置是否合适。

② 实验操作时不得离人，实验进行时要不停观察水进料泵工作是否正常，因为一旦停水，反应器里的催化剂就会失活。

步骤 3：当温度达到 400℃时可开启加料泵，进入一定量的水。达到反应温度(400～650℃)后维持一定时间，再进乙苯(或根据催化剂的性能要求进行升温操作)。

步骤 4：记录温度、压力、原料消耗及产物产量。

(5) 液体泵使用前要排出泵头中的气体。流量计算方法为：实际流量＝最大流量×速率%×冲程%，若实际流量增大，请配合量筒使用。

2. 分离系统的操作

(1) 塔的安装：在塔的各个接口处，凡是有磨口的地方都要涂活塞油脂(真空油脂)，并小心地安装在一起。另外，若用带有翻边法兰的接口，要将各塔节连接处放好垫片，轻轻对正，小心地拧紧带螺纹的压帽(不要用力过猛以防损坏)，这时要上好支撑卡子螺丝，调整塔体使整体垂直，此后调节升降台距离，使加热包与塔釜接触良好(注意，不能让塔釜受压)以后再连接好塔头，最后接好塔头冷却水出入口胶管。(操作时先通水)

(2) 将真空系统连接好，关闭进料阀门，开真空泵使塔内有一定真空度，关闭真空系统阀门，观察压力表是否下降，下降极为缓慢为合格。

(3) 将各部分的控温、测温热电偶放入相应位置。

(4) 电路检查：检查仪表柜内接线有无脱落。电源位置是否正确，无误后进行升温操作。

(5) 加料：未进行连续操作之前可用间歇的精馏方法操作。这时要靠低真空将反应液体吸入塔 1，釜内有一定的液位后开始启动釜加热系统，当正常反应后，靠调节阀控制进入量(转子流量计有指示，找到进出塔的平衡值，以维持之)，操作前要加入几粒陶瓷环，以防暴沸，还要加入阻聚剂(苯醌类)。塔 2 进料要靠更高的真空将塔 1 釜液吸入塔内。调节两塔的真空度可达到稳定的操作，但控制要仔细操作。

(6) 升温：①开启总电源开关，开启测温开关，温度显示仪表有数值出现。②开启釜热控温开关，仪表有显示。给定 Oph 参数在 20。温度控制的数值给定要按仪表的∧、∨键，在仪表的下部显示出设定值。温度控制仪的使用详见说明书(AI 人工智能工业调节器说明书)，不允许不了解使用方法就进行操作。当给定值和参数值都给定后控制效果不佳时，可将控温仪表参数 CTRL 改为 2 再次进行自整定。自整定需要一定时间，温度经过上升、下降、再上升、再下降、类似位式调节，很快就达到稳定值。

升温操作注意事项：

① 釜热控温仪表的给定温度要高于沸点温度 50～80℃，使加热有足够的温差以进行传热。其值可根据实验要求而取舍，边升温边调整，当很长时间还没有蒸汽上升到塔头内

时，说明加热温度不够高，还须提高。此温度过低蒸发量少，没有馏出物；温度过高蒸发量大，易造成液泛。

② 再次检查是否有冷却水通入塔头，此操作必须在升温前进行，不能在塔顶有蒸汽出现时再通水，这样会造成塔头炸裂。

当塔釜已经开始沸腾时，打开上、下段保温电源，顺时针方向调节保温电流给定旋钮，使电流维持在0.2~0.3A之间。(注意：不能过大，过大会造成过热，使加热膜受到损坏，另外，还会因塔壁过热而变成加热器，致使回流液体不能与上升蒸汽进行气液相平衡的物质传递，反而会降低塔分离效率)

③ 升温后观察塔釜和塔顶温度变化，当塔顶出现气体并在塔头内冷凝时，进行全回流一段时间后可开始出料。

④ 用回流比操作时，应开启回流比控制器给定比例(通电时间与停电时间的比值，通常是以秒计，此比例即采出量与回流量之比)。

⑤ 与反应系统连接后的操作要比单塔连续精馏复杂得多，要在反应系统操作一段时间在油水分离器内有一定液面后才能进料，同时要控制好两塔的真空度和加料量，更要控制好两釜液体的采出量，以保持塔釜的液位在一定的位置上。回流比的确定要以馏出物的分析结果来决定，当塔底和塔顶的温度不再变化时，认为已达到稳定。可取样分析，并收集。

3. 停止操作

当操作结束时，先关闭塔壁保温电源并将电位器旋至0点处(注意：一定要进行这一操作，否则下次开车时会突然有大电流输入造成危险)，关闭真空泵，无蒸汽上升时停止通冷却水。

反应部分停止加料(乙苯)，通水，通氮气吹扫，降温至200℃后再停车。

4. 故障处理

(1) 开启电源开关指示灯不亮，并且没有交流接触器吸合声，说明保险损坏或电源线没有接好，更换保险或重新接电源线。

(2) 开启仪表等各开关时指示灯不亮，并且没有继电器吸合声，说明分保险损坏，或接线有脱落的地方，更换分保险或把脱落的线接好。

(3) 控温仪表、显示仪表出现四位数字，则提示热电偶有断路现象，接好热电偶可消除。

(4) 仪表显示温度为负值，提示热电偶接线反相，重新连接热电偶可消除。

(5) 开电源后接触器有嗡嗡交流响声，提示有杂质落入，反复启动可消除。

(6) 真空度下降或尾气无流量指示，说明塔或反应系统漏气与加料泵漏液，检查并处理漏气、漏液。

5. 样品分析(外标法)

步骤1：标准曲线绘制。

配制乙苯和苯乙烯的标准溶液(母液100mg/mL，正己烷定容)，稀释至20mg/mL、50mg/mL、80mg/mL三个梯度，使用气相色谱[HP-5色谱柱，FID检测器，柱温60℃→200℃(10℃/min)]进样分析，记录峰面积并拟合浓度-峰面积标准曲线(需$R^2 \geqslant 0.995$)。

步骤 2：样品测定与计算。

取 0.1mL 反应液稀释至 10mL，过滤后进样，获得乙苯和苯乙烯的峰面积，代入标准曲线方程计算浓度。每个样品平行测定 3 次（RSD<3%），实验前后用 50mg/mL 标样验证曲线偏差（<5%）。

五、实验数据处理

（1）反应部分数据记录。

（2）液体反应产物分析数据记录。

（3）报告要求：

计算反应的转化率：

$$反应转换率=(初始乙苯量-未反应乙苯量)/初始乙苯量\times 100\%$$

计算塔 1、塔 2 的理论板数和等板高度：

理论塔板数：

$$N=\ln[x_{顶}/(1-x_{顶})\times(1-x_{釜})/x_{釜}]/\ln\alpha$$

式中 $x_{顶}$——塔顶轻组分（乙苯）摩尔分数；

$x_{釜}$——塔釜重组分（苯乙烯）摩尔分数；

α——相对挥发度（乙苯与苯乙烯的挥发度比，可通过沸点估算 $\alpha\approx p_{乙苯}/p_{苯乙烯}$）。

等板高度（HETP）：

$$HETP=填料层高度(m)/N$$

六、思考题

（1）反应中的水比对反应有何影响？

（2）什么是色谱分析中的内标法、外标法？

（3）什么是填料塔的理论塔板数？

（4）怎样计算理论塔板数？

实验二　小型提升管重质油催化裂化实验

一、实验目的

(1) 了解催化裂化在石油加工过程中的重要性。

(2) 了解催化裂化的基本原理。

(3) 了解实验装置及流程，掌握基本操作方法。

(4) 学会实验数据的记录及处理方法。

二、实验原理

用简单的蒸馏方法从石油中获得的汽油、煤油、柴油轻质燃料，在质和量两方面均不能满足人们的需要。因此，往往需要将石油中的重质馏分通过催化剂的作用，在一定的温度条件下经一系列化学反应转化为轻质油品。催化裂化是重油轻质化的一个主要炼油工艺。由于轻质油的需求量大，价值高，工艺装置的建设投资相对较低，规模又较大，经济效益好，所以受到极大重视，在炼油工业中占有极其重要的地位。

催化裂化反应是在催化剂表面上进行的，属于“气-液-固”非均相催化反应。原料进入反应器后经过以下七个步骤才变成产品离开催化剂。

第一步，外扩散。原料分子从主气流中扩散到催化剂表面。

第二步，内扩散。原料分子沿催化剂孔道向催化剂内部扩散。

第三步，吸附、活化。靠近催化剂表面的原料分子被催化剂活性中心吸附，原料分子变得活泼，某些化学键开始松动。

第四步，反应。被吸附的原料分子在催化剂表面发生化学反应。

第五步，脱附。产品分子从催化剂表面脱附下来。

第六步，由催化剂向外扩散。产品分子沿催化剂孔道向外进行扩散。

第七步，到达主气流产品分子扩散到主气流中去。

1. 催化裂化的化学反应

催化裂化过程中的化学反应并不是单一的裂化反应，而是多种化学反应同时进行。

(1) 裂化反应

催化裂化过程中的主要反应是裂化反应，即 C—C 键断裂，其反应速度较快，如：

$$\underset{\text{(正庚烷)}}{CH_3{-}CH_2{-}CH_2{-}CH_2{-}CH_2{-}CH_2{-}CH_3} \longrightarrow \underset{\text{(丙烯)}}{CH_2{=}CH{-}CH_3} + \underset{\text{(丁烷)}}{CH_3CH_2CH_2CH_3}$$

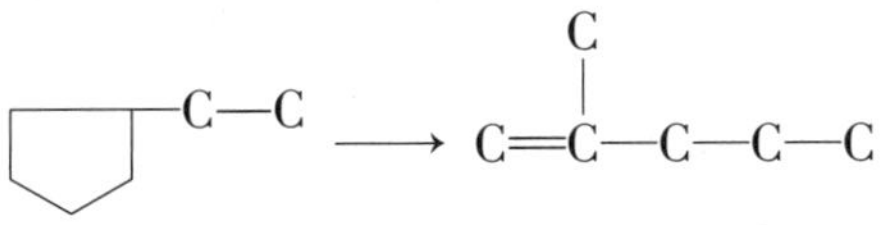

(乙基环戊烷)　(2-乙基戊烯-1)

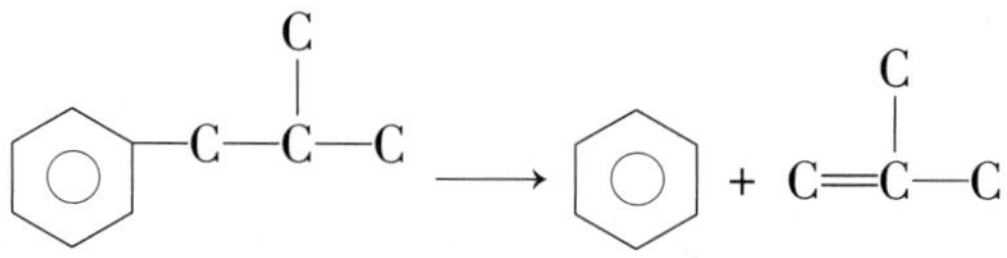

（异丁基苯）　　（苯）　　（异丁烯）

（2）异构化反应

异构化反应是催化裂化的重要反应，它是在分子量大小不变的情况下，烃类分子发生结构和空间位置的变化。异构化反应有以下几种情况：

① 骨架异构化，如：

（二甲基环戊烷）　　（甲基环己烷）

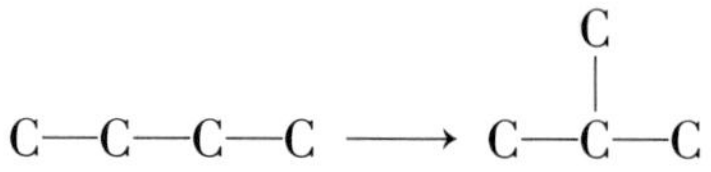

（正丁烷）　　（异丁烷）

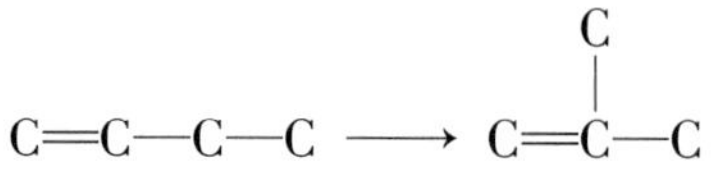

（丁烯-1）　　（异丁烯）

② 双键位移，如：

C═C—C—C ⟶ C—C═C—C

（丁烯-1）　　（丁烯-2）

③ 双键空间结构变化，如：

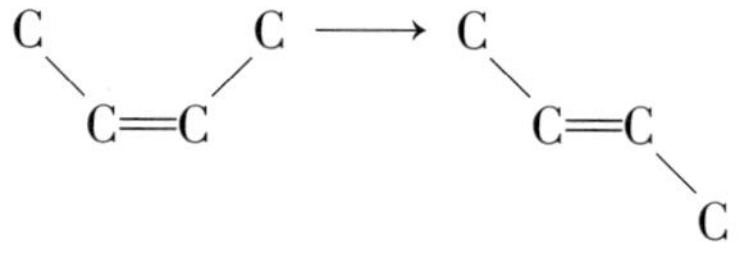

（顺丁烯-2）　　（反丁烯-2）

（3）氢转移反应

某一烃分子上的氢脱下来，立即加到另一个烃分子上。如：

（甲基环己烷）　　（甲基环己烯）　　（正丁烷）

伴随着氢转移的反应便是大分子烯烃、环烷烃和芳烃的缩合反应，其反应结果是这些大分子不断放出氢，最终变成焦炭沉积在催化剂表面，使催化剂活性降低。这些焦炭的实验式在 $CH_{1.6}$ ~ $CH_{0.46}$之间。

（4）芳构化反应

芳构化反应是烷烃、烯烃环化生成环烷烃及环烯烃，然后进一步进行氢转移反应，不断放出氢原子，最后生成芳烃的反应过程。芳构化反应，使其汽油、柴油含芳烃量较多。如：

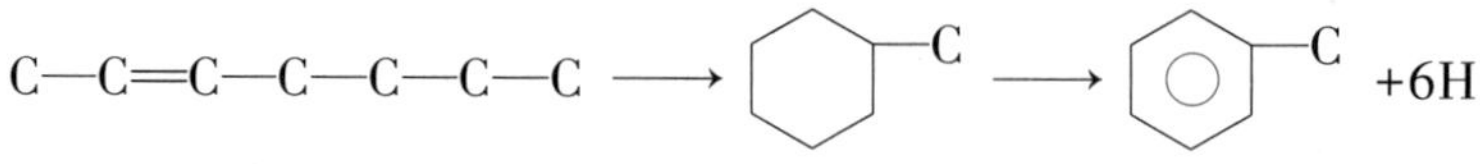

（庚烯-2）　　（甲基环己烷）　　（甲苯）

催化裂化反应除以上四类外，还有甲基转移反应、叠合反应和烷基化反应。

2. 再生的化学反应及反应热

焦炭的主要成分是碳和氢，一般焦炭的含氢量为8%~12%(质)。在再生器中烧去的焦炭包括三个部分：催化炭——裂化反应产生的缩合产物；附加炭——原料本身所固有的残炭转化生成的炭；可汽提炭——因汽提不完全而残留在催化剂微孔内的油气。

焦炭燃烧的主要化学反应式如下：

$$C+O_2 \longrightarrow CO_2 \quad 放热：33913kJ/kg\ 碳$$

$$C+1/2O_2 \longrightarrow CO \quad 放热：10258kJ/kg\ 碳$$

$$2H+1/2O_2 \longrightarrow H_2O \quad 放热：119742kJ/kg\ 氢$$

三、实验装置

采用RU-Ⅱ小型提升管催化裂化试验装置，其工艺流程见图1。

四、原料和催化剂

1. 实验原料

大庆减压馏分油(蜡油)，其性质见表1。

表1 原料油的性质

项目	数值	项目	数值
密度(g/cm^3)	0.8591	70%	410
馏程/℃		90%	418
初馏点/2%	353	终馏点/97%	425
10%	375	350℃/500℃馏出残炭(质)	0.09
30%	395	黏度100℃/(mm^2/s)	5.11
50%	403		

2. 催化剂

取自中国石化燕山石化公司炼油厂工业平衡剂，型号：XP-800+XP-750；厂家：美国Grace Davison，其性质及组成见表2、表3。

表2 催化剂的性质

参数	定炭/%(质)	活性/%	孔体积/(cm^3/g)	骨架密度/(g/cm^3)	充气密度/(g/cm^3)	沉降密度/(g/cm^3)	压紧密度/(g/cm^3)
参数值	0.07	58.6	0.28	2.52	0.7679	0.7781	0.8393

表3 催化剂的组成

名称	Al_2O_3/(μg/g)	Fe/(μg/g)	Na/(μg/g)	C/%(质)	V/(μg/g)	Ni/(μg/g)	Cu/(μg/g)	Sb/(μg/g)	Re_2O_3/%(质)
含量	40.4	8100	4400	0.06	449	3689	40	2630	1.22

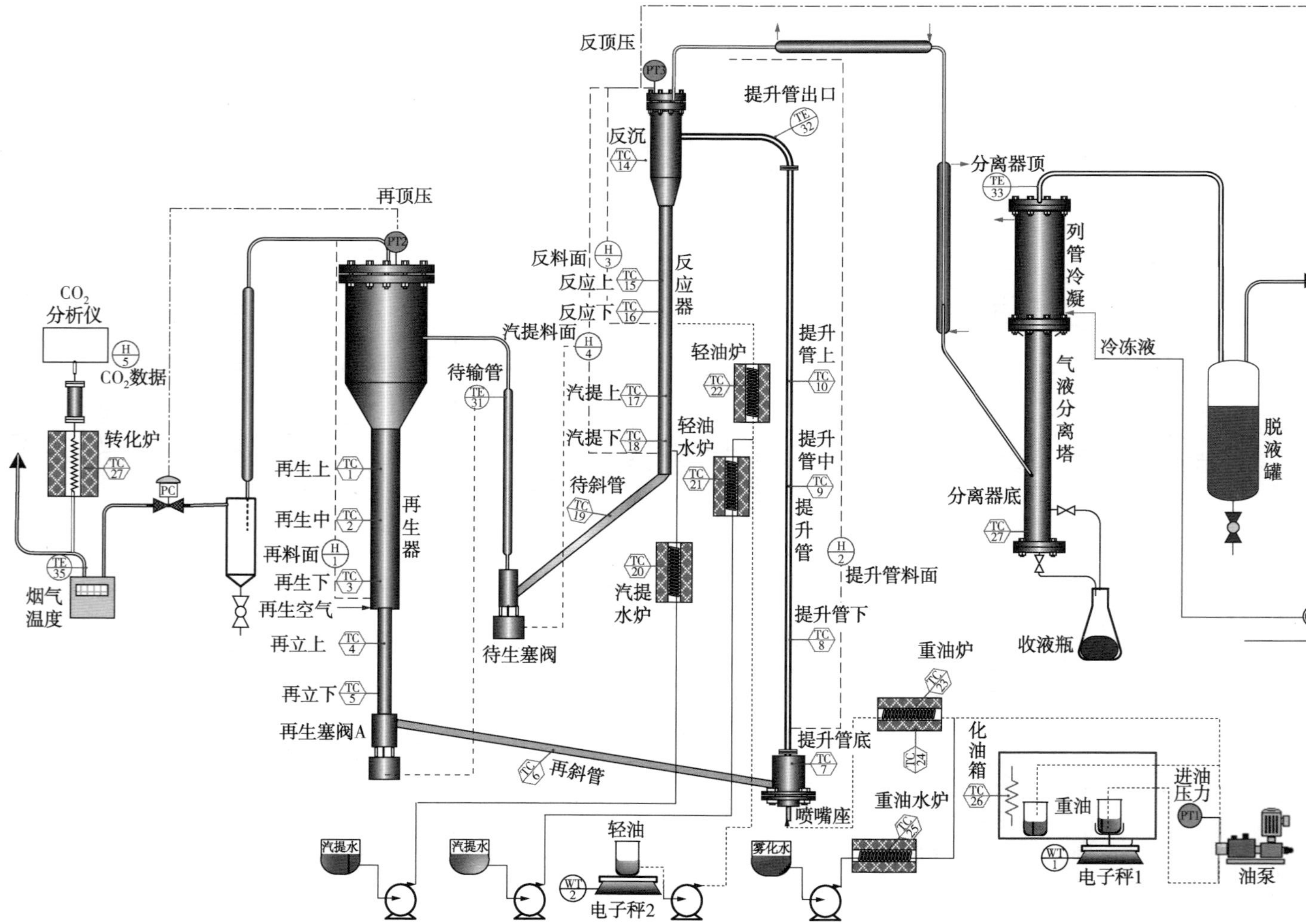

图1 RU-II小型提升管催化裂化试验装置流程

五、实验步骤

1. 开工前的准备

（1）首先确定实验方案和操作参数。本实验的基本操作条件见表4。

表4 催化裂化实验基本操作条件

控制点	参数值	控制点	参数值
t_1 再生器上部温度/℃	650	t_{14}原料油泵头温度/℃	50
t_2 再生器下部温度/℃	650	t_{15}化油箱温度/℃	130
t_3 再生器斜管温度/℃	530	t_{16}油罐油温度/℃	90
t_4 提升管底部温度/℃	520	p_3 两器压差/mmH_2O	100±100
t_5 提升管中部温度/℃	510	p_4 汽提段压差/mmH_2O	420±20
t_6 提升管顶部温度/℃	500	p_5 提升管压差/mmH_2O	15±5
t_7 沉降器顶部温度/℃	450	f_5 雾化水流量/(g/min)	4.0
t_8 汽提段温度/℃	500	f_4 汽提水流量/(g/min)	4.0
t_9 待生斜管温度/℃	500	再斜松动气量/(L/h)	40
t_{10}汽提炉温度/℃	500	予提升气量/(L/h)	65
t_{11}原料油预热温度/℃	260	待生松动气量/(L/h)	40
t_{12}原料预热炉温度/℃	360	主风流量/(L/h)	840
t_{13}原料油管线温度/℃	50		

（2）准备好氮气源；向汽提水瓶、雾化水瓶加满蒸馏水；向柴油瓶内加满柴油；准备好裂化气采样袋三个；准备好实验所需的原料油和催化剂，并将原料油加入化油箱内的原料油桶中。

（3）将气路仪表柜上“空气—氮气”切换阀转向“空气”位置，打开空气总阀，调节空气减压阀使空气压力指示0.2MPa，将裂化气表和烟气表前的放空阀打开。

2. 加催化剂升温

（1）首先合上计算机供电电源，进入微机控制系统。

（2）调节气路仪表柜上转子流量计的调节阀，使其流量达到要求的刻度。

（3）让待生塞阀及再生塞阀处于全关状态。

（4）将实验所用催化剂过40目筛，称重8kg，抽真空将催化剂装入装置。

（5）合上装置供电空气开关，开始加热。

（6）保持待生塞阀及再生塞阀处于全关状态，使催化剂在再生器中加热。

（7）待提升管各个温度达到300℃后，将待生塞阀和再生塞阀控制方式调整为自动，使催化剂开始循环。

（8）开启制冷系统。待提升管各个温度达到稳定后，可启动雾化水泵和汽提水泵，稍后慢慢减少汽提气和雾化气直至全关，当循环稳定后将气路仪表柜上“空气—氮气”切换阀转向“氮气”位置，10min后可准备进油。

（9）打开烟气在线测量装置并进行调零。

3. 进油

（1）首先接通电子秤电源，使电子秤显示为0。将装有融化原料的油桶小心放在电子秤上，将裂化气表和烟气表前的放空阀关闭。

（2）先进柴油。将“空气-重油”切换阀转向“柴油”位置。

（3）启动油泵开始进油。待重油炉温度重新达到稳定后将提升管的油气转子流量计慢慢调至零。

（4）进柴油20min待一切正常后，将“柴油-重油”切换阀转向“重油”位置。

（5）标定泵的进油量，使泵的柱塞行程达到预定进油量。一般为1～1.5kg/h。

4. 标定

（1）放空三级冷凝油罐中的汽油。

（2）标定开始，应同时完成三项操作：

① 迅速关闭接油瓶上方的开关并将电子秤清零。换完收油瓶后将开关打开。

② 记录裂化气和烟气表的数值，并打开裂化气收集管上的开关开始收集裂化气。

③ 开启烟气在线测量装置记录系统。

（3）根据分析的需要，确定标定时间为3h。在标定期间要采集裂化气样三次以进行组成分析。

（4）在标定过程中，应保持各转子流量计的气量及泵量不变，并认真如实地填写实验原始记录表。

（5）标定达到终止时间，应同时完成以下三项操作：

① 记录裂化气和烟气表的数值。

② 记录进油量。

③ 关闭收油瓶上方的开关，换另一个收油瓶。

（6）标定结束后，用分液漏斗放出收油瓶中的水和油，分离出水后称重，即得到催化裂化液体产品的重量。

5. 停工

（1）装置停工前将“柴油-重油”切换阀转向“柴油”位置，继续进柴油20～30min，清洗管线中的重油。

（2）慢慢开启提升管的油气调节阀，使上述气量恢复到进油前给定量后关闭油泵。待流量计的转子升起10min后，将“空气-氮气”切换阀转向“空气”位置。

（3）10min后慢慢开启提升管雾化气和汽提气使之恢复至进水前的气量，关闭水泵。

（4）关闭计算机控制系统。

六、产品的分析和测试

1. 气体产品的分析

在催化裂化实验标定过程中，收集到的裂化气采用气相色谱分析方法测定各物质的组成及含量。

2. 液体产品的分析

在催化裂化实验标定过程中，收集到的生成油样通过模拟蒸馏实验装置和实沸点蒸馏装置进行馏分切割。

七、实验数据处理

实验数据的处理可通过以下计算式进行。

（1）焦炭产率的计算。

$$C=\frac{V_{烟气}(U_{CO}+U_{CO_2})\times 12}{22.4\times W\times 1000\times 1.09} \tag{1}$$

式中　C——焦炭产率，%(质)；

$V_{烟气}$——标定时间内所计量的烟气总量，L；

U_{CO}——标定时间内对烟气实时分析，烟气中一氧化碳的体积含量，%(体)；

U_{CO_2}——标定时间内对烟气实时分析，烟气中二氧化碳的体积含量，%(体)；

W——标定时间内的进油总量，kg。

（2）裂化气及其各组分产率的计算。

已知分子量数据如下：

M_1—(H_2)= 2.016　　M_2—[Air(N_2)]=27　　M_3—(CH_4)= 16.042

M_4—($C_2^{=}$)= 28.052　　M_5—(C_2^{0})= 30.368　　M_6—(C_3^{0})= 44.094

M_7—($C_3^{=}$)= 42.072　　M_8—(iC_4^{0})= 58.120　　M_9—(nC_4^{0})= 58.120

M_{10}—(反 $C_4^{=-2}$)= 56.104　　M_{11}—($iC_4^{=-1}$)= 56.104　　M_{12}—($nC_4^{=-1}$)= 56.104

M_{13}—(顺 $C_4^{=-2}$)= 56.104　　M_{14}—(nC_5^{0})= 72.146　　M_{15}—(iC_5^{0})= 72.146

M_{16}—(C_{5^+})= 72

各组分的质量产率：

$$W_i=\frac{V_{0裂化气}A_iM_i}{22.4\times W\times 1090} \tag{2}$$

式中　$V_{0裂化气}$——标定时间内所计量的裂化气总量，L；

A_i——标定时间内采样分析的裂化气各组分的体积含量，%(体)；

M_i——各组分分子量；

W——标定时间内的进油总量，kg。

总 C_2的质量产率：$B_2=W_4+W_5$

总 C_3的质量产率：$B_3=W_6+W_7$

总 C_4的质量产率：$B_4=W_8+W_9+W_{10}+W_{11}+W_{12}+W_{13}$

裂化气(小于等于 C_4)的质量产率：$B_5=W_1+W_3+B_2+B_3+B_4$

（3）液体产品产率的计算。

$$G_{汽油}=\frac{W'}{W}\times K_{汽油}+W_{14}+W_{15}+W_{16} \tag{3}$$

式中　$G_{汽油}$——汽油的产率，%(质)；

W'——标定生成油的质量，kg；

W——标定的总进油量，kg；

$K_{汽油}$——分析液体生成油中汽油的质量含量，%(质)。

$$G_{柴油}=\frac{W'}{W}\times K_{柴油} \tag{4}$$

式中　$K_{柴油}$——分析生成油中柴油的质量含量，%(质)。

$$G_{重油}=\frac{W'}{W}\times K_{重油} \tag{5}$$

式中　$K_{重油}$——分析生成油中重油的质量含量，%(质)。

(4) 损失的计算。

$$损失(\%)=(1-G_{汽油}-G_{柴油}-G_{重油}-B_5-C)\times 100\% \tag{6}$$

(5) 转化率的计算。

$$转化率=(1-G_{柴油}-G_{重油})\times 100\% \tag{7}$$

(6) 轻油转化率的计算。

$$轻油转化率=(G_{汽油}+G_{柴油})\times 100\% \tag{8}$$

八、思考题

(1) 催化裂化反应类型有哪些？试举例说明。

(2) 再生催化剂上的焦炭是怎样形成的？再生反应包括哪些？

(3) 为什么要严格控制剂油比？

(4) 小型提升管催化裂化实验装置主要包括哪些部件？请简要说明其流程。

(5) 影响催化裂化反应深度的因素可能有哪些？

实验三　色谱法无限稀释活度系数测定实验

一、实验目的

(1) 用气液色谱法测定苯和环己烷在邻苯二甲酸二壬酯中的无限稀释活度系数。
(2) 通过实验掌握测定原理和操作方法；熟悉流量、温度和压力等基本测量方法。
(3) 了解气液色谱仪的基本构造及原理。

二、实验原理

采用气液色谱法测定无限稀释溶液活度系数，样品用量少，测定速度快，仅将一般色谱仪稍加改装，即可使用。目前，这一方法已从只能测定易挥发溶质在难挥发溶剂中的无限稀释活度系数，扩展到可以测定在挥发性溶剂中的无限稀释活度系数。因此，该方法在溶液热力学性质研究、气液平衡数据的推算、萃取精馏溶剂评选和气体溶解度测定等方面的应用，日益显示其重要作用。

在气液色谱为线性分配等温线、气相为理想气体、载体对溶质的吸附作用可忽略等简化条件下，根据气体色谱分离原理和气液平衡关系，可推导出溶质 i 在固定液 j 上进行色谱分离时，溶质的校正保留体积与溶质在固定液中无限稀释活度系数之间的关系式。根据溶质的保留时间和固定液的质量，计算出保留体积，就可得到溶质在固定液中的无限稀释活度系数。

实验所用的色谱柱固定液为邻苯二甲酸二壬酯。样品苯和环己烷进样后汽化，并与载气 H_2混合后成为气相。

当载气 H_2将某一气体组分带过色谱柱时，由于气体组分与固定液的相互作用，经过一定时间而流出色谱柱。通常进样浓度很小，在吸附等温线的线性范围内，流出曲线呈正态分布，如图 1 所示。

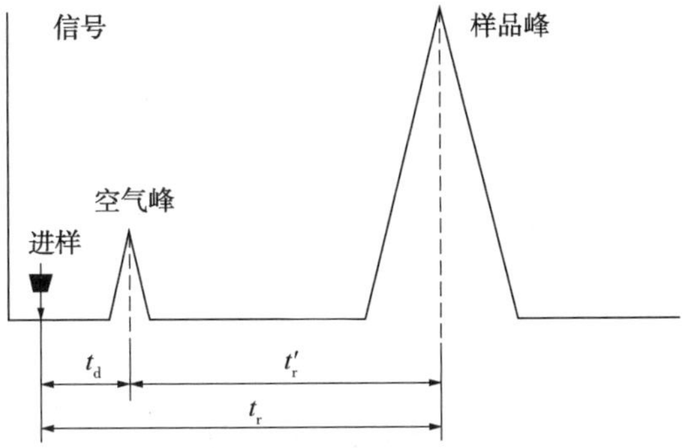

图 1　色谱流出曲线图

设样品的保留时间为 t_r(从进样到样品峰顶的时间)，死时间为 t_d(从惰性气体空气进样到其顶峰的时间)，则校正保留时间为

$$t'_r = t_r - t_d \tag{1}$$

校正保留体积为

$$V'_r = t'_r \overline{F_c} \tag{2}$$

式中 $\overline{F_c}$——校正到柱温、柱压下的载气平均流量，m^3/s。

校正保留体积与液相体积 V_l 关系为

$$V'_r = KV_l \tag{3}$$

而

$$K = c_i^l / c_i^g \tag{4}$$

式中 V_l——液相体积，m^3；

K——分配系数；

c_i^l——样品在液相中的浓度，mol/m^3；

c_i^g——样品在气相中的浓度，mol/m^3。

由式(3)、式(4)可得

$$\frac{c_i^l}{c_i^g} = \frac{V_r^l}{V_l} \tag{5}$$

因气体视为理想气体，则

$$c_i^g = \frac{p_i}{RT_c} \tag{6}$$

而当溶液为无限稀释时，则

$$c_i^l = \frac{\rho_l x_i}{M_l} \tag{7}$$

式中 R——气体常数；

ρ_l——纯液体的密度，kg/m^3；

M_l——固定液的分子量；

x_i——样品 i 的摩尔分率；

p_i——样品的分压，Pa；

T_c——柱温，K。

气液平衡时，则

$$p_i = p_i^0 x_i \gamma_i^0 \tag{8}$$

式中 p_i^0——纯组分 i 在柱温 T_c 下的饱和蒸气压，Pa；

x_i——组分 i 的摩尔分数；

γ_i^0——样品 i 的无限稀释活度系数。

将式(6)、(7)、(8)代入式(5)，得

$$V'_r = V_l \rho_l RT_c / M_l \, p_i^0 r_i^0 = W_l \rho_l RT_c / M_l \, p_i^0 r_i^0 \tag{9}$$

式中 W_l——固定液标准质量。

将式(2)代入式(9)，则

$$\gamma_i^0=\frac{W_1T_cR}{M_1\,p_i^0t_r'\overline{F_c}} \tag{10}$$

式中　$\overline{F_c}$可用式(11)求得

$$\overline{F_c}=\frac{3}{2}\left[\frac{(p_b/p_o)^2-1}{(p_b/p_o)^3-1}\right]\left[\frac{(p_o-p_w)}{p_o}\frac{T_c}{T_a}F_c\right] \tag{11}$$

式中　p_b——柱前压力，Pa；

p_o——柱后压力，Pa；

p_w——在 T_a 下的水蒸气压，Pa；

T_a——环境温度，K；

T_c——柱温，K；

F_c——载气在柱后的平均流量，m^3/s。

这样，只要把准确称量的溶剂作为固定液涂渍在载体上装入色谱柱，用被测溶质作为进样，测得式(10)右端各参数，即可计算溶质在溶剂中的无限稀释活度系数。

三、实验流程

本实验流程如图 2 所示。

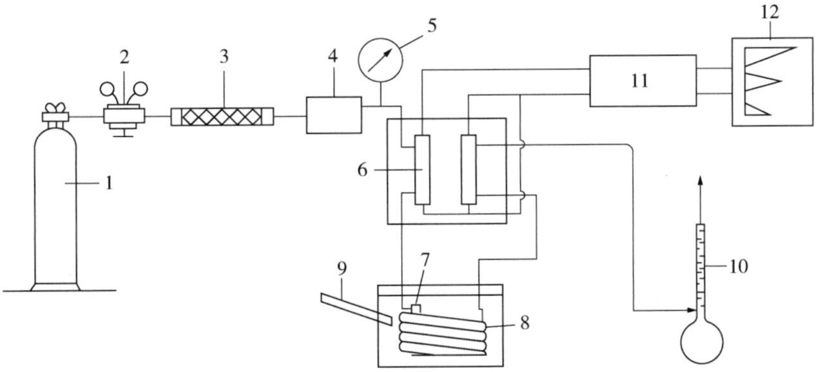

图 2　色谱法测 γ_i^0 实验流程

1—氢气钢瓶；2—减压调节阀；3—净化干燥器；4—稳压阀；5—标准压力表；6—热导池；7—汽化器；8—恒温箱；9—温度计；10—皂膜流量计；11—电桥；12—记录仪

四、实验步骤

(1) 色谱柱的制备：准确称取一定量的邻苯二甲酸二壬酯(固定液)于蒸发皿中，并加适量丙酮以稀释固定液。按固定液与担体之比为 15∶100 来称取白色担体。将固定液均匀地涂渍在担体上。将涂好的固定相装入色谱柱中，并准确计算装入柱内固定相的质量。

（2）打开 H_2 钢瓶，色谱仪中的气路通 H_2。检漏后，开启色谱仪。色谱条件应接近下述条件：柱温 60℃，汽化温度 120℃，桥电流 100mA。当色谱条件稳定后用皂膜流量计来测载气 H_2 在色谱柱后的平均流量，即气体通过肥皂水鼓泡，形成一个薄膜并随气体上移，用秒表来测流过 10mL 的体积所用的时间，控制在 20mL/min 左右，需测三次，然后取平均值。用标准压力表测量柱前压。

（3）待色谱仪基线稳定后（使用色谱数据处理机来测量），用 10μL 进样器准确取样品环己烷 0.2μL，再吸入 8μL 空气，然后进样。用秒表来测定空气峰最大值到环己烷峰最大值之间的时间，再分别取 0.4μL、0.6μL、0.8μL 环己烷，重复上述步骤。每种进样量至少重复三次（数据误差不超过 1s），取平均值。

（4）用苯作溶质，重复第 3 项操作。

（5）实验完毕后，先关闭色谱仪的电源，待检测器的温度降到 70℃ 左右时再关闭气源。

五、数据记录与处理

载气流量测定数据、不同溶质下色谱实验结果分别填入表 1、表 2。

表 1　载气流量测定数据记录表

载气种类	第一次测量时间/s	第二次测量时间/s	第三次测量时间/s
H_2			

注：气体在皂膜流量计的计时体积为 10mL。

表 2　不同溶质下色谱实验结果记录表

溶质种类	进样量/μL	实验次数	柱前表压/MPa	校正保留时间/s
环己烷	0.2	1		
		2		
		3		
	0.4	1		
		2		
		3		
	0.6	1		
		2		
		3		
	0.8	1		
		2		
		3		

续表

溶质种类	进样量/μL	实验次数	柱前表压/MPa	校正保留时间/s
苯	0.2	1		
		2		
		3		
	0.4	1		
		2		
		3		
	0.6	1		
		2		
		3		
	0.8	1		
		2		
		3		

注：(1) 测定使用第一套仪器，其中气液色谱操作条件如下：柱温 57℃，汽化室温度 122℃，检测器温度为 120℃，桥电流为 102mA。

(2) 实验开始时环境温度为 28.2℃，结束时温度为 29.0℃。

(3) 固定液标准质量为 0.1223g。

六、思考题

(1) 如果溶剂也是易挥发性物质，本方法是否适用？

(2) 苯和环己烷分别与邻苯二甲酸二壬酯所组成的溶液，对拉乌尔定律是正偏差还是负偏差？它们中哪一个活度系数较小？为什么？

(3) 影响实验结果准确度的因素有哪些？

实验四　固体小球对流传热系数测定实验

一、实验目的

(1) 测定不同环境与小球之间的对流传热系数，并对所得结果进行比较。

(2) 了解非定常态导热的特点以及毕奥准数(Bi)的物理意义。

(3) 熟悉流化床和固定床的操作特点。

二、实验原理

自然界和工程上，热量传递的机理有传导、对流和辐射。传热时可能有几种机理同时存在，也可能以某种机理为主，不同的机理对应不同的传热方式或规律。

当物体中有温差存在时，热量将由高温处向低温处传递，物质的导热性主要是分子传递现象的表现。

通过对导热的研究，傅里叶提出：

$$q_y=\frac{Q_y}{A}=-\lambda\frac{\mathrm{d}T}{\mathrm{d}y} \tag{1}$$

式中　$\frac{\mathrm{d}T}{\mathrm{d}y}$——$y$ 方向上的温度梯度，K/m。

式(1)称为傅里叶定律，表明导热通量与温度梯度成正比。负号表明导热方向与温度梯度的方向相反。

金属的导热系数比非金属大得多，大致在 50~415(W/m・K)范围。纯金属的导热系数随温度升高而减小，合金却相反，但纯金属的导热系数通常高于由其所组成的合金。本实验中，小球材料的选取对实验结果有重要影响。

热对流是流体相对于固体表面做宏观运动时，引起的微团尺度上的热量传递过程。事实上，它必然伴随有流体微团间以及与固体壁面间的接触导热，因而是微观分子热传导和宏观微团热对流两者的综合过程。具有宏观尺度上的运动是热对流的实质。流动状态(层流和湍流)不同，传热机理也就不同。

牛顿提出对流传热规律的基本定律——牛顿冷却定律：

$$Q=qA=\alpha A(T_{\mathrm{W}}-T_{\mathrm{f}}) \tag{2}$$

α 并非物性常数，其取决于系统的物性因素、几何因素和流动因素，通常由实验来测定。本实验测定的是小球在不同环境和流动状态下的对流传热系数。

强制对流较自然对流传热效果好，湍流较层流的对流传热系数大。

热辐射是当温度不同的物体，以电磁波形式，各辐射出具有一定波长的光子，当被相互吸收后所发生的换热过程。热辐射和热传导、热对流的换热规律有着显著的差别，传导与对流传热速率都正比于温度差，而与冷热物体本身的温度高低无关。热辐射则不然，即使温差相同，也受两物体绝对温度的高低影响。本实验尽量避免热辐射传热对实验结果带来误差。

物体的突然加热和冷却过程属非定常导热过程。此时导热物体内的温度，既是空间位置又是时间的函数，$T=f(x, y, z, t)$。物体在导热介质的加热或冷却过程中，导热速率同时取决于物体内部的导热热阻以及与环境间的外部对流热阻。为了简化，不少问题可以忽略两者之一进行处理。然而能否简化，需要确定一个判据。通常定义无因次毕奥准数（Bi），即物体内部导热热阻与物体外部对流热阻之比进行判断。

$$Bi=\frac{\text{内部导热热阻}}{\text{外部对流热阻}}=\frac{\delta/\lambda}{1/\alpha}=\frac{\alpha V}{\lambda A} \tag{3}$$

式中，$\delta=\frac{V}{A}$为特征尺寸，对于球体为 $R/3$。

若 Bi 很小，$\frac{\delta}{\lambda}\ll\frac{1}{\alpha}$，表明内部导热热阻远小于外部对流热阻，此时，可忽略内部导热热阻，简化为整个物体的温度均匀一致，使温度仅为时间的函数，即 $T=f(t)$。这种将系统简化为具有均一性质进行处理的方法，称为集总参数法。实验表明，只要 $Bi<0.1$，忽略内部热阻进行计算，其误差不大于 5%，通常为工程计算所允许。

将一直径为 d_S 温度为 T_0 的小钢球，置于温度为恒定 T_f 的周围环境中，若 $T_0>T_f$，小球的瞬时温度 T，随着时间 t 的增加而减小。根据热平衡原理，球体热量随时间的变化应等于通过对流换热向周围环境的散热速率。

$$-\rho cV\frac{dT}{dt}=\alpha A(T-T_f) \tag{4}$$

$$\frac{d(T-T_f)}{(T-T_f)}=-\frac{\alpha A}{\rho cV}dt \tag{5}$$

初始条件：$t=0$，$T-T_f=T_0-T_f$

对式(5)积分得

$$\int_{T_0-T_f}^{T-T_f}\frac{d(T-T_f)}{T-T_f}=-\frac{\alpha A}{\rho cV}\int_0^t dt$$

$$\frac{T-T_f}{T_0-T_f}=\exp\left(-\frac{\alpha A}{\rho cV}\cdot t\right)=\exp(-Bi\cdot Fo) \tag{6}$$

$$Fo=\frac{\alpha t}{(V/A)^2} \tag{7}$$

定义时间常数 $\tau=\frac{\rho cV}{\alpha A}$，分析式(6)可知，当物体与环境间的热交换经历了四倍于时间常数的时间后，即 $t=4\tau$，可得

$$\frac{T-T_f}{T_0-T_f}=e^{-4}=0.018 \tag{8}$$

表明过余温度 $T-T_f$ 的变化已达 98.2%，以后的变化仅剩 1.8%，对工程计算来说，往后可近似作定常数处理。

对小球$\frac{V}{A}=\frac{R}{3}=\frac{d_S}{6}$代入式(6)整理得

$$\alpha=\frac{\rho c d_S}{6}\cdot\frac{1}{t}\ln\frac{T_0-T_f}{T-T_f} \tag{9}$$

或

$$Nu=\frac{\alpha d_S}{\lambda}=\frac{\rho c d_S^{\ 2}}{6\lambda}\cdot\frac{1}{t}\ln\frac{T_0-T_f}{T-T_f} \tag{10}$$

通过实验可测得钢球在不同环境和流动状态下的冷却曲线，由温度记录仪记下 $T\sim t$ 的关系，就可由式(9)和式(10)求出相应的 α 和 Nu 的值。

对于气体在 $20<Re<180000$ 范围，即高 Re 数下，绕球换热的经验式为

$$Nu=\frac{\alpha d_S}{\lambda}=0.37Re^{0.6}Pr^{\frac{1}{3}} \tag{11}$$

若在静止流体中换热：$Nu=2$。

三、实验装置与流程

实验装置如图 1 所示。

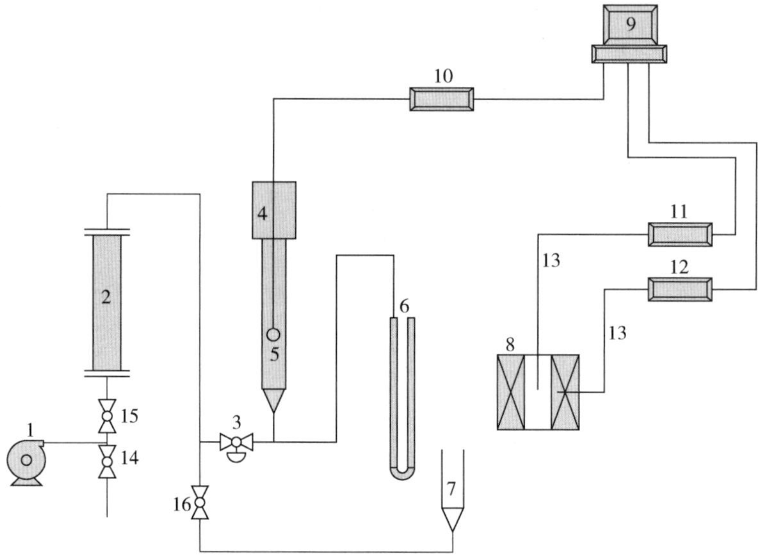

图 1　测定固体小球对流传热系数的实验装置

1—旋涡泵；2—转子流量计；3—调节阀；4—玻璃流化床；5—实验小球；6—U 形压差计；7—扩大管(内径 45mm)；8—管式电阻炉；9—计算机；10—小球测温人工智能表；11—加热炉测温智能表；12—加热炉控温智能表；13—热电偶；14—放空阀；15、16—阀门

四、实验步骤及方法

(1) 测定小球的直径 d_S。

(2) 打开管式加热炉的加热电源，调节加热温度为 400～500℃。

① 检查电源线火线、零线、地线连接是否正确，电线是否有破损，确认无误后才能给装置通电。

② 接通装置电源(220V/50Hz)，此时电源开关红色指示灯亮。

③ 按下各测温温控开关，此时管式电加热炉控温表和小球测温表同时通电。

④ 将管式电加热炉控温表设定为实验所需的温度值 450℃。

(3) 打开计算机处于工作状态。启动计算机控制软件。

(4) 将嵌有热电偶的小钢球置于电加热炉的支架上，从温度记录仪上观察钢球温度的变化。

(5) 当小球温度升至 450℃时，迅速取出小球，放在不同的环境条件下进行实验，小球的温度随时间变化的曲线由计算机记录，称为冷却曲线。

(6) 装置运行的环境条件有：自然对流，强制对流，固定床和流化床。流动状态有：层流和湍流。

(7) 自然对流实验：将加热好的小球迅速取出，置于大气当中，尽量减少小球附近的大气扰动，用计算机采集小球温度随时间变化的曲线数据，并进行处理，计算出给热系数 α。

(8) 强制对流实验：置于扩大管中进行强制对流实验。方法：打开实验装置上的放空阀 14 和阀门 16，关闭阀门 15 和调节阀 3，启动旋涡泵 1，缓慢调节阀门 15 和放空阀 14，使流量达到实验所需值。迅速取出加热好的小球，置于反应器的扩大管中，其余步骤同(6)，记录下空气的流量并采集冷却曲线。

(9) 固定床实验：调节调节阀 3 并配合阀门 16 使流化床内固体颗粒处于固定床状态，将加热好的小球置于固定床的砂粒中，进行固定床实验，其余步骤同(6)，记录反应器的压降和采集冷却曲线。

(10) 流化床实验：调节调节阀 3 并配合阀门 16 使流化床处于所需的流化状态，将加热好的小球迅速置于反应器的流化层中，进行流化床实验，其余步骤同(6)，记录反应器的压降和采集冷却曲线。

(11) 装置停车。

① 将管式加热炉控温温度设定为零度，降温；

② 全开放空阀 14，关闭风机电源；

③ 关闭各分电源开关和总开关。

注意事项：

(1) 开启风机前一定将放空阀 14 全开，否则玻璃转子会因风速过大被冲到顶部损坏玻璃转子流量计；同样地，关闭风机前一定将放空阀 14 全开，否则玻璃转子会因风速迅速降低砸到底部损坏转子。

(2) 调节流化床时一定要缓慢打开调节阀 3，并配合调节阀门 16，否则会把流化床内固体颗粒吹出，影响使用。

(3) 在实验过程中，应避免小球碰到身体，避免灼伤。

五、实验数据和处理

实验基础数据：

小球：紫铜，直径：14mm；密度：8900kg/m^3。

比热容：385J/(kg·K)；导热系数：401W/(m·K)。

计算：点击软件工艺流程画面的计算按钮，输入冷却曲线对应的时间和温度点，同时输入其他基础数据和实验信息，将计算结果以表格形式显示(表 1)。按对流传热系数和努塞尔准数，查看图形。按保存按钮以 Word 形式保存文件。

(1) 计算不同环境和流动状态下的对流传热系数 α。

(2) 计算实验用小球的 Bi，确定其值是否小于 0.1。

(3) 将实验值与理论值进行比较。

表 1　小球冷却曲线数据

自然对流		强制对流		固定床		流化床	
时间/s	小球温度/℃	时间/s	小球温度/℃	时间/s	小球温度/℃	时间/s	小球温度/℃

六、结果与讨论

(1) 基本原理的应用是否正确？

(2) 对比不同环境条件下的对流传热系数。

(3) 分析实验结果同理论值偏差的原因。

(4) 对实验方法与实验结果进行讨论。

七、预习与思考

(1) 明确实验目的。

(2) 影响热量传递的因素有哪些？

(3) Bi 数的物理含义是什么？

(4) 本实验对小球体的选择有哪些要求，为什么？

(5) 本实验加热炉的温度为何要控制在 400~500℃，太高或太低有何影响？

(6) 自然对流条件下实验要注意哪些问题？

(7) 每次实验的时间需要多长，应如何判断实验结束？

(8) 实验需查找哪些数据，需测定哪些数据？

(9) 设计原始实验数据记录表。

(10) 实验数据如何处理？

八、主要符号说明

A ——面积，m^2；

Bi——毕奥准数，无因次；

c——比热容，J/(kg·K)；

d_S——小球直径，m；

Fo——傅里叶准数，无因次；

Nu ——努塞尔准数，无因次；

Pr——普朗特准数，无因次；

q_y——y 方向上单位时间单位面积的导热量，$J/(m^2 \cdot s)$；

Q_y——y 方向上的导热速率，J/s；

R——半径，m；

Re——雷诺准数，无因次；

T——温度，K 或℃；

T_0——初始温度，K 或℃；

T_f——流体温度，K 或℃；

T_W——壁温，K 或℃；

t——时间，s；

V——体积，m^3；

α——对流传热系数，$W/(m^2 \cdot K)$；

λ——导热系数，W/(m·K)；

δ——特征尺寸，m；

ρ——密度，kg/m^3；

τ——时间常数，s；

μ——黏度，Pa·s。

实验五　液液传质系数测定实验

一、实验目的

（1）掌握用刘易斯池测定液液传质系数的实验方法。
（2）测定乙酸在水与乙酸乙酯中的传质系数。
（3）探讨流动情况、物系性质对液液界面传质的影响机理。

二、实验原理

实际萃取设备效率的高低，以及怎样才能提高其效率，是人们十分关心的问题。为了解决这些问题，必须研究影响传质速率的因素和规律，以及探讨传质过程的机理。

近几十年来，人们虽已对两相接触界面的动力学状态，物质通过界面的传递机理和相界面对传递过程的阻力等问题进行了研究，但由于液液间传质过程的复杂性，许多问题还没有得到满意的解答，有些工程问题不得不借助于实验的方法或凭经验进行处理。

工业设备中，常将一种液相以滴状分散于另一液相中进行萃取。但当流体流经填料、筛板等内部构件时，会引起两相高度的分散和强烈的湍动，传质过程和分子扩散变得复杂，再加上液滴的凝聚与分散，流体的轴向返混等问题影响传质速率的主要因素，如两相实际接触面积、传质推动力都难以确定。因此，在实验研究中，常将过程进行分解，采用理想化和模拟的方法进行处理。1954 年刘易斯(Lewis)提出用一个恒定界面的容器，研究液液传质的方法，它能在给定界面面积的情况下，分别控制两相的搅拌强度，以造成一个相内全混、界面无返混的理想流动状况，因而不仅明显地改善了设备内流体力学条件及相际接触状况，而且不存在液滴的形成与凝聚而造成的端效应麻烦。本实验即采用改进型的刘易斯池进行实验。由于刘易斯池具有恒定界面的特点，当实验在给定搅拌速度及恒定的温度下，测定两相浓度随时间的变化关系时，就可借助物料衡算及速率方程获得传质系数。

$$-\frac{V_W}{A}\cdot\frac{dc_W}{dt}=K_W(c_W-c_W^*) \qquad (1)$$

$$\frac{V_0}{A}\cdot\frac{dc_0}{dt}=K_0(c_0^*-c_0) \qquad (2)$$

若溶质在两相的平衡分配系数 m 可近似地取为常数，则

$$c_W^*=\frac{c_0}{m},\quad c_0^*=mc_W \qquad (3)$$

式(1)、式(2)中的$\frac{dc}{dt}$可将实验数据进行曲线拟合然后求导数算得。

若将实验系统达到平衡时的水相浓度 c_W^e 和有机相浓度 c_0^e 替换式(1)、式(2)中的 c_W^*

和 c_0^*，则可推出下面的积分式：

$$K_W = \frac{V_W}{At}\int_{c_W(0)}^{c_W(t)} \frac{dc_W}{c_W^e - c_W} = \frac{V_W}{At}\ln\frac{c_W^e - c_W(t)}{c_W^e - c_W(0)} \tag{4}$$

$$K_O = \frac{V_O}{At}\int_{c_O(0)}^{c_O(t)} \frac{dc_O}{c_O^e - c_O} = \frac{V_O}{At}\ln\frac{c_O^e - c_O(t)}{c_O^e - c_O(0)} \tag{5}$$

以 $\ln\frac{c^e - c(t)}{c^e - c(0)}$ 对 t 作图从斜率也可获得传质系数。

求得传质系数后，就可讨论流动情况、物系性质等对传质速率的影响。由于液液相际的传质远比气液相际的传质复杂，若用双膜模型处理液液相的传质，可假定：①界面是静止不动的，在相界面上没有传质阻力，且两相呈平衡状态；②紧靠界面两侧是两层滞流液膜；③传质阻力是由界面两侧的两层阻力叠加而成；④溶质靠分子扩散进行传递。但结果常出现较大的偏差，这是由于实际上相界面往往是不平静的，除主流体中的旋涡分量时常会冲到界面上外，有时还因为流体流动的不稳定，界面本身也会产生骚动而使传质速率增加好多倍。另外，微量的表面活性物质的存在又可使传质速率减小。关于产生界面现象和界面不稳定的原因有关文献已有报道。大致分为：

（1）界面张力梯度导致的不稳定性。在相界面上由浓度的不完全均匀导致界面张力也有差异。这样，界面附近的流体就开始从张力低的区域向张力较高的区域运动，正是界面附近界面张力的随机变化导致相界面上发生强烈的旋涡现象，这种现象称为 Marangoni（马拉高尼）效应。根据物系的性质和操作条件的不同，又可分为规则型和不规则型界面运动。前者与静止的液体性质有关，又称 Marangoni（马拉高尼）不稳定性。后者与液体的流动或强制对流有关，又称瞬时骚动。

（2）密度梯度引起的不稳定性。除界面张力会导致流体的不稳定性外，一定条件下密度梯度的存在，界面处的流体在重力场的作用下也会产生不稳定，即所谓的 Taylar（泰勒）不稳定。这种现象对界面张力导致的界面对流有很大的影响。稳定的密度梯度会把界面对流限制在界面附近的区域。而不稳定的密度梯度会产生离开界面的旋涡，并且使它渗入主体相中。

（3）表面活性剂的作用。表面活性剂是降低液体界面张力的物质，只要很低的浓度，它就会积聚在相界面上，使界面张力下降，造成物系的界面张力与溶质浓度的关系比较小，或者几乎没有什么关系，这样就可抑制界面不稳定性的发展，制止界面湍动。另外，表面活性剂在界面处形成吸附层时，会产生附加的传质阻力，从而减小了传质系数。

三、实验装置及流程

实验所用的刘易斯池，如图 1 所示。它是由一段内径为 0.1m，高为 0.12m，壁厚为 8mm的玻璃圆筒构成。池内体积约为 900mL，用一块聚四氟乙烯制成的界面环（环上每个小孔的面积为 3.8cm^2），把池隔成大致等体积的两隔室。每隔室的中间部位装有互相独立的六叶搅拌桨，在搅拌桨的四周各装设六叶垂直挡板，其作用在于防止在较高的搅拌强度下造成界面的扰动。两搅拌桨由一直流伺服电机通过皮带轮驱动。一光电传感器监测着搅拌桨的转速，并装有可控硅调速装置，可方便地调整转速。两液相的加料经高位槽注入池内，取样通过上法兰的取样口进行。另设恒温夹套，以调节和控制池内两相的温度，为防止取样后，实际传质界面发生变化，在池的下端配有一升降台，以随时调节液液界面处于界面环中线处。液液传质系数实验流程见图 2。

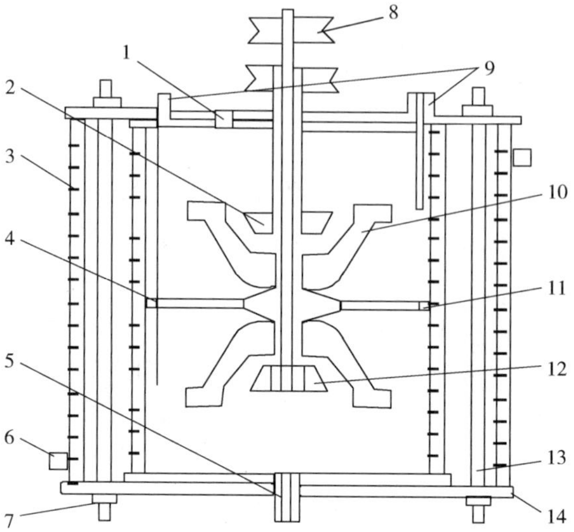

图 1　刘易斯池简图

1—进料口；2—上搅拌桨；3—夹套；4—玻璃筒；5—出料口；6—恒温水接口；7—衬垫；8—皮带轮；9—取样口；10—垂直挡板；11—界面杯；12—搅拌桨；13—拉杆；14—法兰

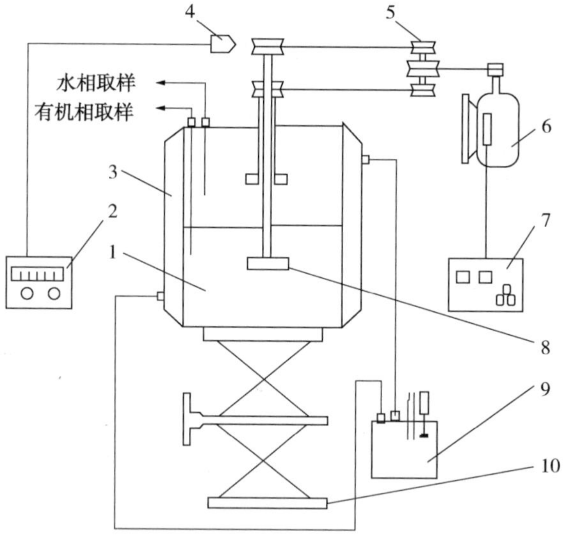

图 2　液液传质系数实验流程简图

1—刘易斯池；2—测速仪；3—恒温夹套；4—光电传感器；5—传动装置；6—直流电机；7—调速器；8—搅拌桨；9—恒温槽；10—升降台

四、实验步骤与方法

本实验所用的物系为水-乙酸-乙酸乙酯。有关该系统的物性数据和平衡数据列于表 1 和表 2。

表 1　纯物系性质表

物系	$\mu\times10^5$/Pa·s	σ/(N/m)	ρ/(kg/m^3)	$D\times10^9$/(m^2/s)
水	100.42	72.67	997.1	1.346
乙酸	130.0	23.90	1049	
乙酸乙酯	48.0	24.18	901	3.69

表 2　25℃乙酸在水相与酯相中的平衡浓度　　%(质)

酯相	0	2.50	5.77	7.63	10.17	14.26	17.73
水相	0	2.90	6.12	7.95	10.13	13.82	17.25

实验时应注意以下几个方面：

(1) 装置在安装前，先用丙酮清洗池内各个部位，以防表面活性剂污染系统。

(2) 将恒温槽温度调整到实验所需的温度。

(3) 加料时，不要将两相的位置颠倒，即较重的一相先加入，然后调节界面环中心线的位置与液面重合，再加入第二相。第二相加入时应避免产生界面骚动。

(4) 启动搅拌桨约 30min，使两相互相饱和，然后由高位槽加入一定量的乙酸。因溶质传递是从不平衡到平衡的过程，所以当溶质加完后就应开始计时。

(5) 溶质加入前，应预先调节好实验所需的转速，以保证整个过程处于同一流动条件下。

(6) 各相浓度按一定的时间间隔同时取样分析。开始应 3~5min 取样一次，以后可逐渐地延长时间间隔，当取了 8~10 个点的实验数据以后，实验结束，停止搅拌，放出池中液体，洗净待用。

(7) 实验中各相浓度，可用 NaOH 标准溶液分析滴定乙酸含量。

以乙酸为溶质，由一相向另一相传递的萃取实验可进行以下内容：

(1) 测定各相浓度随时间的变化关系，求得传质系数。

(2) 改变搅拌强度，测定传质系数，关联搅拌速度与传质系数的关系。

(3) 进行系统污染前后传质系数的测定，并对污染前后实验数据进行比较，解释系统污染对传质的影响。

(4) 改变传质方向，探讨界面湍动对传质系数的影响程度。

(5) 改变相应的实验参数或条件，重复以上(2)(3)(4)的实验步骤。

五、实验数据处理

(1) 将实验结果列表，并标绘 c_O、c_W 对 t 的关系图；

(2) 根据实验测定的数据，计算传质系数 K_W，K_O；

(3) 将传质系数 $K_W \sim t$ 或 $K_O \sim t$ 作图。

六、结果与讨论

(1) 讨论测定液液传质系数的意义。

(2) 讨论界面湍动对传质系数的影响。

（3）讨论搅拌速度与传质系数的关系。
（4）解释系统污染对传质系数的影响。
（5）分析实验误差的来源。
（6）提出实验装置的修改意见。

七、思考题

（1）为何要研究液液传质系数？
（2）理想化液液传质系数实验装置有何特点？
（3）由刘易斯池测定的液液传质系数用到实际工业设备设计还应考虑哪些因素？
（4）物系性质对液液传质系数是如何影响的？
（5）根据物性数据表，确定乙酸向哪一方向的传递会产生界面湍动，说明原因。
（6）了解实验目的，明确实验步骤，制订实验计划。
（7）设计原始数据记录表。

八、主要符号说明

A——两相接触面积，m^2；
c——溶质浓度，%(质)；
D——扩散系数；
K——总传质系数；
m——平衡分配系数；
t——时间，s；
V——溶剂相体积，m^3；
ρ——密度，kg/m^3；
σ——表面张力，N/m。
下标：
O——有机相；
W——水相。

实验六　串联釜式反应器流体停留时间分布测定实验

一、实验目的

(1) 测定单级连续搅拌槽式反应器中流体的停留时间分布。

(2) 测定多级连续搅拌槽式反应器中流体的停留时间分布。

二、实验原理

在连续流动的实验反应器中，物料的流动形式属于非理想流动，其偏离理想流动的程度可以用物料在其中的停留时间分布函数来描述，停留时间分布有两种表示方法，一是停留时间分布密度函数，二是停留时间分布函数。

停留时间分布密度函数 $E(t)$ 的定义：

在连续稳定流动系统中，在某瞬间，同时进入系统的 n 个流体粒子，停留时间介于 t 和 $t+\mathrm{d}t$ 之间的流体粒子所占的分率($\mathrm{d}n/n$)为 $E(t)\mathrm{d}t$，$E(t)$ 即停留时间分布密度函数，对应于 $t=0$ 到 $t=\infty$ 时间间隔的曲线下的面积即为

$$\int_0^{\infty} E(t)\,\mathrm{d}t = 1 \tag{1}$$

停留时间分布函数 $F(t)$ 的定义：

在上述系统中，停留时间小于 t(停留时间介于 0 至 1 之间)的流体粒子所占的分率为 $F(t)$，其数学表达式为：

$$F(t) = \int_0^{t} E(t)\,\mathrm{d}t \tag{2}$$

E 曲线可用脉冲示踪法来测定，在流动稳定的情况下，某一瞬间在反应器入口处注入一定量的示踪物，与此同时，在反应器出口流体中检测示踪物浓度的变化。若示踪物总量为 Q，流体的流速为 V，出口流体示踪物的浓度为 $c(t)$，用电导检测流出物浓度的变化，并转换成记录仪上的毫伏数 $L(t)$，则在 $t \sim t+\mathrm{d}t$ 这段时间内流出的示踪物量应为 $QE(t)\mathrm{d}t$，并可表示为 $k'L(t)\mathrm{d}t$，故

$$QE(t)\,\mathrm{d}t = k'L(t)\,\mathrm{d}t \tag{3}$$

$$E(t) = kL(t) \tag{4}$$

其中：$k=k'/Q$，k'、k 为常数。

对 $E(t)$ 函数，有两个重要的概念，数学期望 t 和方差 σ_t^2，它们分别定义为 $E(t)$ 对原点的一次矩和二次矩。数学期望也就是平均停留时间 τ(定义为 $\tau=V/v$)

$$\hat{t}=\frac{\int_0^{\infty} tE(t)\,\mathrm{d}t}{\int_0^{\infty} E(t)\,\mathrm{d}t}=\int_0^{\infty} tE(t)\,\mathrm{d}t \approx \frac{\sum tE(t)}{\sum E(t)} \tag{5}$$

$$\sigma_t^2=\frac{\int_0^{\infty}(t-\hat{t})^2E(t)\,\mathrm{d}t}{\int_0^{\infty} E(t)\,\mathrm{d}t}=\int_0^{\infty}(t-\hat{t})^2E(t)\,\mathrm{d}t=\int_0^{\infty} t^2E(t)\,\mathrm{d}t-\hat{t}^2 \approx \frac{\sum t^2E(t)}{\sum tE(t)}-\hat{t}^2 \tag{6}$$

为了使用方便常用对比时间 $\theta=\frac{t}{\tau}$ 来代换 t，经这样变换后，有以下换算关系：

$$E(\theta)=\tau E(t) \tag{7}$$

$$\sigma^2=\frac{\sigma_t^2}{\tau^2} \tag{8}$$

对全混流：$\sigma^2=1$；

对平推流：$\sigma^2=0$；

对一般情况：$0<\sigma^2<1$。

可见用 σ^2 来评价反应器内的流动状况比较方便，一般可将实际反应器当作多级串联釜模型加以描述，并认为每一级为一全混流反应器，各级存料量 V 相等，级间无返混。

可以证明，对多级全混釜有

$$\sigma^2=\frac{1}{N} \tag{9}$$

N 为串联全混釜的个数，也称级数。

当然，前面所列的其他数学关系对多级串联釜也成立。

三、实验装置、药品

1. 实验装置

三釜串联釜式反应器返混实验装置见图 1。

2. 药品

饱和 KCl 溶液。

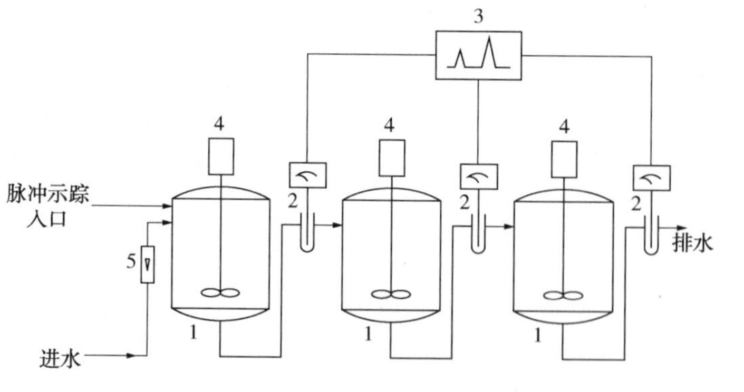

图 1　三釜串联釜式反应器返混实验装置

1—搅拌釜；2—电导率仪；3—数据采集与处理系统；4—搅拌电机；5—流量计

四、实验步骤

（1）将预先配制的饱和 KCl 水溶液倒入示踪剂高位槽，并将清洗高位槽注满水。

（2）打开自来水阀往循环水槽注水。

（3）将试验模型阀门方向旋至釜式，同时打开装置电源总开关，分别打开电导率仪开关、电磁阀开关以及搅拌电机开关，注意开启搅拌电机开关前，应将搅拌旋钮调至最低挡。开启与装置联机的控制计算机电源，打开与装置对应的应用软件，将控制画面切换至流程图，并对照流程图对装置进行进一步的了解与认识。

（4）按电导率仪的操作说明将电导率仪调整至正常使用状态。

（5）关闭各釜釜底排液阀，开启泵回流阀门至全开位置，同时开启循环水泵，调节泵回流阀门至合适的开度进而保证泵出口维持一定的水压。调节流量计调节阀，使流量稳定在 20L/min，此时，液体将分别流经三个釜式反应器。在流经每个釜的过程中，当液面浸没超过搅拌桨叶时，开始慢慢调节搅拌速度至约 200r/min，搅拌速度不宜过快，也不宜过慢。直到每个釜稳定流过液体，经过一段时间后，各釜流动均达到定常态后开始下一步操作。

（6）将脉冲阀门切换到示踪剂方向，计算机控制界面切换至实时操作画面，点击“开始实验”按钮，将脉冲时间调节到 2～3s，单击“确定”按钮，此时，脉冲电磁阀工作，高位槽的示踪剂将被脉冲至反应器系统入口处，同时，计算机将实时记录每个釜出口的电导随时间的变化情况。

（7）待每个反应器出口电导率回到原基线，点击“结束实验”按钮，此时计算机会自动将所记录到的每个釜曲线保存在相应的文件夹中，便于之后数据处理。

（8）实验结束前，将脉冲阀门切换到清洗水方向，同时，将电磁阀开启延时时间调整至 10s，并开启电磁阀，以便使清水冲洗电磁阀，避免氯化钾结晶后堵塞电磁阀孔，影响下一次实验。关闭电导率仪电源，关闭电磁阀电源，同时关闭各釜搅拌电机电源，打开各釜釜底排液阀，将各釜内存液排至下水道。

（9）实验结束后，关闭装置总电源，关闭循环水槽自来水总阀，从计算机上下载实验数据原始文件及其他相关的资料后，关闭计算机电源，并整理实验装置至初始状态。

五、实验数据处理

（1）将计算机数据文件导出，并转换成 .xls 文件，采用相应的数据软件（如 Origin 软件）计算单釜、二釜串联、三釜串联三个不同反应器组合方式的流体停留时间分布的相关特征值，包括平均停留时间与方差。

（2）求数学期望 $\hat{t} = \dfrac{\sum tE(t)}{\sum E(t)}$ 并与平均停留时间 V/v 比较。

（3）采用多级理想模型，求模型釜数 N，并与串联釜的个数进行比较。

六、思考题

（1）从所得的结果，解释对理想情况偏离产生的原因。

（2）停留时间分布的测定方法有哪些？简述之。

实验七　流化床停留时间分布测定实验

一、实验目的

（1）了解测量停留时间分布的意义。

（2）熟悉测量停留时间的方法。

（3）了解平均停留时间方差以及 Pe 值的计算。

二、实验原理

1. 研究停留时间分布的意义

在实际连续流动的均相反应器内，流体微元的流动存在短路、死区、涡流等非理想流动因素，使流体流动状况偏离平推流和全混流两种理想流动。不同停留时间的流体微元之间的混合称为返混，返混程度的大小影响到反应器的反应结果。描述非理想流动返混程度的参数是方差。可以用脉冲示踪法、阶跃示踪法等停留时间分布测定方法，通过实验数据整理获得。常用的两种非理想流动模型是：多釜串联模型和轴向扩散模型，其模型参数分别是串联釜数 n 和毕克莱准数 Pe。

研究停留时间分布的基本出发点是：无须知道反应器内流场的细节，只要知道每个粒子在反应器中停留的时间，即知道停留时间的分布，就可以确定反应程度及反应器的生产能力、转化率、收率等参数。

停留时间分布是指出口寿命分布密度函数 $E(t)$

$$E(t)\,\mathrm{d}t=\frac{\text{单位时间流出的寿命在 } t \text{ 到}(t+\mathrm{d}t)\text{之间的粒子数}}{\text{单位时间进入反应器的流体粒子总数}} \tag{1}$$

$E(t)$按定义满足归一化条件，即

$$\int_0^{\infty} E(t)\,\mathrm{d}t = 1 \tag{2}$$

2. 停留时间分布的实验测定

实验主要是应用响应技术测定。在反应器的入口注入示踪剂，在反应器的出口或其他地点检测示踪剂的响应，分析测量数据，就可以定性或定量地确定示踪剂所代表的反应物在反应器中停留时间的分布。示踪剂的检测方式可灵活选择，如测定示踪物电导率、各种光学方法、化学分析法等都可以采用。

对示踪剂的要求：①物性与被示踪的流体相似；②易检测，精确度好；③加入量小，不干扰反应器中的流体流动；④示踪剂不反应，不吸附，不消耗。

注入和检出的位置：注入可以在反应器的入口，或者在流体流动路径上的某一点。示踪剂浓度检测可以在出口、反应器内部示踪剂注入点的上游或下游。在不同的两点同时检测，可以提高停留时间分布测量的精度。当反应器内返混程度较大时，检测点可以选择在注入点上游。

示踪剂注入的方式有阶跃法、脉冲法和周期扰动法等。

理想的脉冲可用 δ 函数表示，其定义为

$$\delta(t-t_0)=\begin{cases}\infty, & t=t_0\\ 0, & t\neq t_0\end{cases} \tag{3}$$

且满足

$$\int_0^\infty \delta(t-t_0)\,\mathrm{d}t = 1 \tag{4}$$

理想脉冲的物理意义是示踪剂粒子一次同时注入，因此瞬间浓度无穷大，于是留在反应器内的粒子有相同的年龄。出口检测出的示踪剂总量应与示踪物脉冲的总量 Vc_0 相同，若反应器入口的体积流率为 F_0，则

$$\int_0^\infty F_0 c(t)\,\mathrm{d}t = Vc_0 \tag{5}$$

c 曲线的 $c(t)$，与停留时间分布的关系是

$$E(t)=\frac{F_0}{Vc_0}c(t) \tag{6}$$

在数理统计学中，用来描述粒子停留时间分布特性的随机变量的数字特征主要有均值（平均停留时间）t_m 和方差 σ^2。

平均停留时间的定义是

$$t_m=\frac{\int_0^\infty tE(t)\,\mathrm{d}t}{\int_0^\infty E(t)\,\mathrm{d}t}=\int_0^\infty tE(t)\,\mathrm{d}t \tag{7}$$

方差代表停留时间分散的程度，其定义是

$$\sigma^2=\int_0^\infty (t-t_m)^2E(t)=\int_0^\infty t^2E(t)\,\mathrm{d}t-t_m^2 \tag{8}$$

3. 轴向扩散模型和 Pe 值的计算

轴向扩散模型是描述非理想流动的模型，是在活塞流模型的基础上叠加一个轴向扩散项，表示反应器中分子扩散、湍流混合、流速分布、几何因素等的综合影响。

一维轴向扩散模型方程

$$D\frac{\partial^2 c}{\partial z^2}-u\frac{\partial c}{\partial z}=\frac{\partial c}{\partial t} \tag{9}$$

用 $C=c/c_0$，$Z=z/L$ 和 $\theta=t_m u/L$ 无因次化后

$$\frac{1}{Pe}\frac{\partial^2 C}{\partial Z^2}-\frac{\partial C}{\partial Z}=\frac{\partial C}{\partial \theta} \tag{10}$$

式中，$Pe=uL/D$ 为 Peclet 准数，是模型唯一参数，表示返混程度大小，Pe 值越大，返混程度越低，活塞流的 Pe 值趋向于∞，而全混流的 Pe 值趋向于 0。

在闭-闭式轴向扩散模型中，可采取式(11)通过方差与平均停留时间求 Pe 值。

$$\frac{\sigma^2}{t_m^2}=\frac{2}{Pe}-\frac{2}{Pe^2}(1-\mathrm{e}^{-Pe}) \tag{11}$$

三、实验装置流程

流化床停留时间测定装置流程示意见图 1。

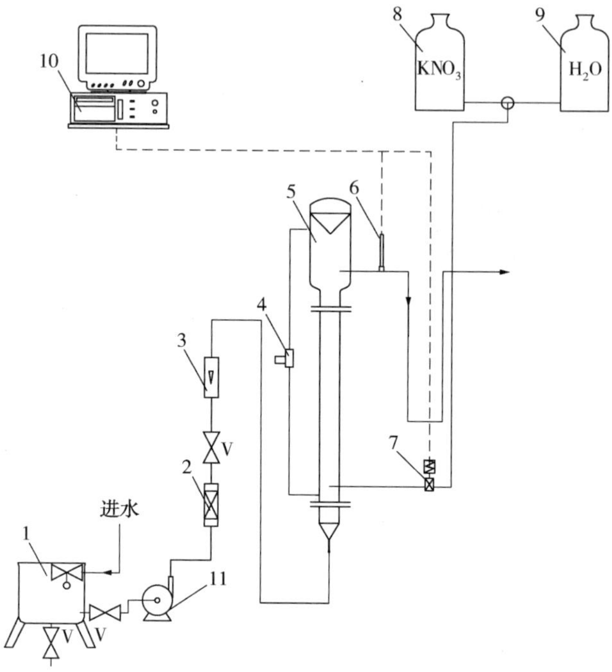

图 1　流化床停留时间测定装置流程示意

V—截止阀；1—储液罐；2—精滤器；3—转子流量计；4—压力变送器；5—流化床；6—电极；7—电磁阀；8—高位罐；9—清洗罐；10—计算机；11—液体加料泵

四、实验步骤

（1）用变频调速器调节水流量，使床内固体粒子开始流化之后，使流量保持在一定值，稳定 10min 左右。通过计算机实时采集界面确定示踪剂操作，点击“开始”按钮进行数据采集，在屏幕上显示示踪剂在设备内的停留时间曲线和压差曲线。待停留时间曲线末端高度基本与起始高度齐平，即可停止采集，一般不超过 10min。

（2）保存数据并处理数据，求出该条件下的模型参数 *Pe* 值，同时记录水的流量、温度等实验条件。

（3）依次改变水流量，重复以上步骤。

五、实验数据记录与数据处理

1. 实验数据记录

流化床停留时间分布测定实验数据记录于表 1。

表 1　流化床停留时间分布测定实验记录表

水流量/(L/h)	平行实验	采集时间 t/min	平均停留时间 t_m/min	方差 σ^2	毕克莱准数 Pe
10	1				
	2				
20	1				
	2				
30	1				
	2				

2. 数据处理

作图法求物料流速对 Pe 值的影响。

六、思考题

（1）结合反应器的转化率与选择性，说明非理想流动（如返混）可能对化学反应结果产生的影响。

（2）流化床中固体颗粒的流态化状态对停留时间分布有何影响？

实验八　二元体系气液相平衡数据测定实验

一、实验目的

（1）了解和掌握用双循环气液平衡器测定二元气液平衡数据的方法。

（2）从实验测得的 $t-p-x-y$ 数据计算各组分的活度系数。

（3）学会二元气液平衡相图的绘制。

（4）掌握恒温水浴使用方法和用阿贝折光仪分析组成的方法。

二、实验原理

在化学工业中，蒸馏、吸收过程的工艺和设备设计都需要准确的气液平衡数据，此数据对提供最佳的操作条件、减少能源消耗和降低成本等，都具有重要的意义。尽管有许多体系的平衡数据可以从资料中找到，但这往往是在特定温度和压力下的数据。随着科学技术的迅速发展，以及新产品、新工艺的开发，许多物系的平衡数据还未经前人测定，这都需要通过实验测定以满足工程计算的需要。此外，在溶液理论研究中提出了各种各样描述溶液内部分子间相互作用的模型，准确的平衡数据还是对这些模型的可靠性进行检验的重要依据。

平衡数据实验测定方法有两类，即间接法和直接法。直接法中又有静态法、流动法和循环法等。其中循环法应用最为广泛。若要测得准确的气液平衡数据，平衡釜是关键。现已采用的平衡釜形式有多种，而且各有特点，应根据待测物系的特征，选择适当的釜型。

用常规的平衡釜测定平衡数据，样品量多，测定时间长。本实验用的小型平衡釜主要特点是釜外有真空夹套保温，釜内液体和气体分别形成循环系统，可观察釜内的实验现象，且样品用量少，达到平衡速度快，因而实验时间短。

气液平衡数据实验测定是在一定温度和压力下，在已建立气液相平衡的体系中，分别取出气相和液相样品，测定其浓度。本实验采用的是广泛使用的循环法(见图 1)。所测定的体系为乙醇(1)—环己烷(2)，样品分析采用阿贝折光仪分析方法。

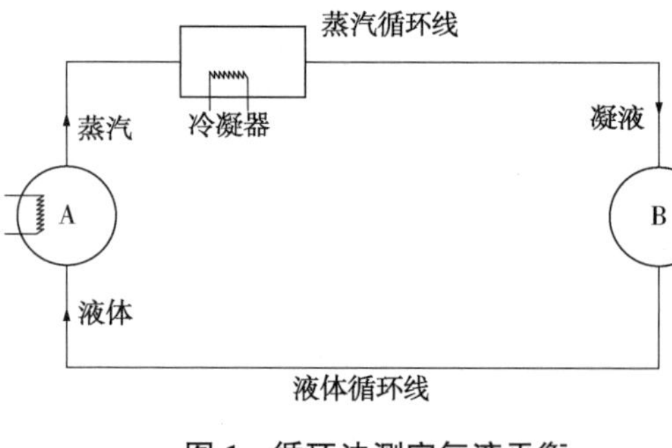

图 1　循环法测定气液平衡

以循环法测定气液平衡数据的平衡器类型很多，但基本原理一致，由图 1 可知，当体系达到平衡时，A、B 容器中的组成不随时间而变化，这时从 A 和 B 两容器中取样分析，可得到一组气液平衡实验数据。当达到平衡时，除两相的压力和温度分别相等外，每一组分的化学位也相等，即逸度相等，其热力

学基本关系为

$$f_i^L = f_i^V \tag{1}$$

$$\phi_i p y_i = \gamma_i f_i^0 x_i \tag{2}$$

常压下，气相可视为理想气体，$\phi_i = 1$；再忽略压力对液体逸度的影响，$f_i = p_i^0$，从而得出低压下气液平衡关系式为

$$p y_i = \gamma_i p_i^0 x_i \cdots \tag{3}$$

式中 p——体系压力(总压)，mmHg；

p_i^0——纯组分 i 在平衡温度下饱和蒸气压，可用安托尼(Antoine)公式计算；

x_i、y_i——分别为组分 i 在液相和气相中的摩尔分率；

γ_i——组分 i 的活度系数。

由实验测得等压下气液平衡数据，则可用

$$\gamma_i = \frac{p y_i}{x_i p_i^0} \cdots \tag{4}$$

计算出不同组分下的活度系数。

三、实验装置介绍

1. 实验流程图

二元气液相平衡装置示意见图 2。

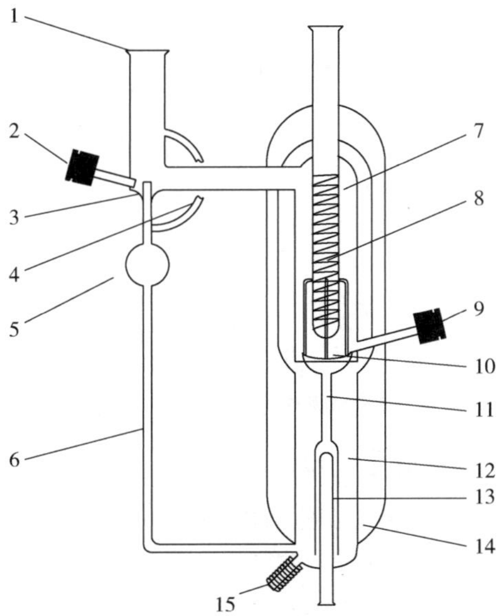

图 2　二元气液相平衡装置示意

1—磨口；2—气相取样口；3—气相储液槽；4—连通管；5—缓冲球；6—回流管；7—平衡室；8—温度计套管；9—液相取样口；10—液相储液槽；11—提升管；12—沸腾室；13—加热套管；14—真空夹套；15—放液口

该装置包括气液平衡釜一台，采用电加热方式，可通过控温仪表加热功率，以控制加热速度，釜外真空夹套 14 起保温作用。

2. 流程说明

从上端冷凝器口向二元气液平衡釜内加入实验物料，电加热装于平衡釜底部。开始实验后，加热管进行加热，两侧分别开有液相取样口和气相取样口，分别取样后使用装置台面上的阿贝折光仪测定实验数据。

3. 设备仪表参数

其他仪器：阿贝折光仪 1 台；恒温水浴 1 台；5mL 注射器带针头若干；取样瓶若干。

试剂：无水乙醇——分析纯；环己烷——分析纯。

四、操作步骤

（1）准备工作。

按照表 1 配制乙醇(1)-环己烷(2)标准溶液，并测量其在 30℃下的折射率，得到 x_1-n_D标准曲线(图 3)。也可由教师在实验开始前准备完毕。

表 1　乙醇-环己烷标准溶液的折射率

乙醇体积/mL	1	4	3	2	1	0
环己烷体积/mL	0	1	2	3	4	1
环己烷摩尔分数	0	0. 115551	0. 258376	0. 439425	0. 676412	1
折射率	1. 3567	1. 365	1. 376	1. 3895	1. 4053	1. 4205

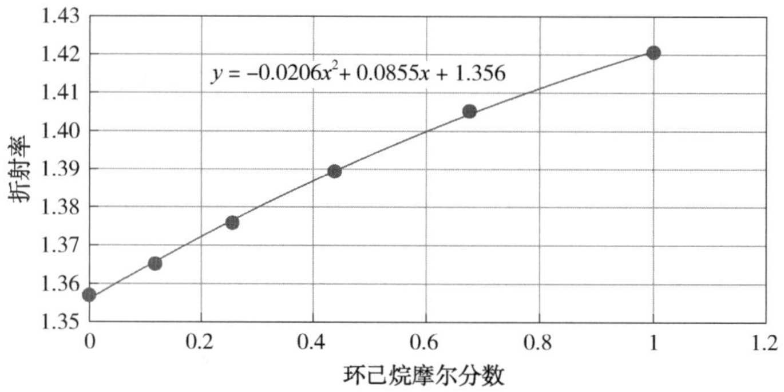

图 3　环己烷标准溶液 x_1-n_D标准曲线

将 x_1-n_D数据关联回归，得到以下方程式：

$$y=-0.0206x^2+0.0855x+1.356 \tag{5}$$

通过测定未知溶液折射率，再根据方程式(5)，便可计算出未知溶液中环己烷的浓度。

（2）加料。向平衡釜内加入无水乙醇约 45mL(液面约在提升管上半部分位置)。

（3）开启冷凝水，接通电源加热，开始时加热电压给到 50V，5min 后给到 30V，再等 5min 后慢慢调到 50V 左右即可，以平衡釜内液体能沸腾为准。稳定回流 20min 左右，以建立平衡状态。

（4）读数。认为稳定后的沸腾温度为平衡温度 t(℃)，由于测定时平衡釜直通大气，所以平衡压力为实验时的大气压 p(mmHg)。

（5）取样。分别在平衡釜的气相取样口和液相取样口取出气、液相样品各 2. 5mL，置于干燥、洁净的取样瓶中。由于气相取样较慢，可以取少量满足分析即可，可加大液相取样量，原则上保证每次总取出样量和加入量相等。

(6) 然后再由液相取样口加入纯环己烷 5mL，改变体系浓度，再做一组数据，待气液相稳定后，再按照步骤(5)取出气液相样品，进行分析，根据实验要求，气液相分别取若干样品。

注意：如果要测定乙醇-环己烷的气液平衡数据，则需要连续不断重复步骤(5)(6)，约取 25 个样品，直至平衡釜中环己烷浓度为 95%以上，才能做出完整的乙醇-环己烷气液平衡曲线。也可在找出乙醇-环己烷恒沸点后，加大取液量，比如取出 10mL 样品，再加入 10mL 环己烷，使得混合物中环己烷浓度快速改变。

(7) 测量样品的折射率，每个样品测量两次，最后取两个数据的平均值，根据关联的 x_1-n_D 方程式，计算气相或液相样品的组成。

(8) 所有实验完成后，加热电压直接降低到零，关闭电源、关闭冷却水，整理仪器及试验台。

五、注意事项

(1) 平衡釜开始加热时电压不宜过大，以防暴沸导致物料冲出。

(2) 平衡时间应足够长。气液相取样瓶，取样前要检查是否干燥，因试剂较易挥发，装样后要保持密封。

六、数据记录与处理

1. 数据记录

二元体系气液相平衡数据测定实验数据记录见表 2 和表 3。

表 2　折射率及气液相平衡组成

实验序号	平衡温度 t/℃	液相样品折射率	气相样品折射率	平衡组成	
				液相 $x_{环己烷}$	气相 $y_{环己烷}$
0					
1					
2					
…					

表 3　平衡温度下饱和蒸气压和活度系数

实验序号	平衡温度 t/℃	p_1^0/mmHg	p_2^0/mmHg	r_1	r_2
		乙醇	环己烷	乙醇	环己烷
0					
1					
2					
…					

2. 计算实例

(1) 组分在平衡温度下饱和蒸气压计算。

采用 Antoine(安托尼)公式计算组分在一定温度下的饱和蒸气压

$$\lg p_i^0 = A_i - \frac{B_i}{C_i + t} \tag{6}$$

式中 p_i^0——组分 i 在平衡温度下的饱和蒸气压，mmHg；

t——平衡温度，℃；

A_i、B_i、C_i——组分 i 的安托尼因数。

数据处理表格见表 4。

表 4 乙醇-环己烷安托尼常数

组分	A	B	C
乙醇	8.04494	1554.3	222.65
环己烷	6.84498	1203.526	222.863

(2) 气液相组成分析。

待取出的样品冷却到常温，用滴管吸取部分样品，用阿贝折光仪分析其折射率，然后计算其组成，见表 5。

表 5 折射率及气液相平衡组成

实验序号	平衡温度 t/℃	液相样品折射率	气相样品折射率	平衡组成	
				液相 $x_{环己烷}$	气相 $y_{环己烷}$
0	78.4	1.3565	1.3565	0.0000	0.0000
1	73.7	1.3609	1.3725	0.0585	0.2039
2	71.4	1.3625	1.3820	0.0779	0.3318
3	69.7	1.3650	1.3848	0.1087	0.3713
4	68.7	1.3666	1.3871	0.1286	0.4044
5	67.6	1.3697	1.3916	0.1678	0.4710
6	66.3	1.3750	1.3939	0.2367	0.5062
7	65.6	1.3810	1.3964	0.3179	0.5452
8	65.1	1.3855	1.3975	0.3813	0.5628
9	65.0	1.3886	1.3979	0.4263	0.5692
10	64.9	1.3936	1.3986	0.5015	0.5805
11	64.9	1.3999	1.3994	0.6016	0.5935
12	64.9	1.4045	1.4001	0.6791	0.6049
13	65.0	1.4095	1.4004	0.7683	0.6099
14	65.4	1.4135	1.4010	0.8441	0.6198
15	66.0	1.4158	1.4017	0.8898	0.6315
16	67.1	1.4171	1.4040	0.9164	0.6705
17	69.8	1.4191	1.4067	0.9585	0.7177
18	71.6	1.4202	1.4106	0.9824	0.7887

续表

实验序号	平衡温度 t/℃	液相样品折射率	气相样品折射率	平衡组成	
				液相 $x_{环己烷}$	气相 $y_{环己烷}$
19	74.0	1.4203	1.4145	0.9846	0.8638
20	75.9	1.4204	1.4163	0.9867	0.9000
21	77.0	1.4205	1.4175	0.9889	0.9247
22	80.7	1.4206	1.4206	1.0000	1.0000

由表5气液相平衡组成数据，绘制乙醇-环己烷体系在常压下的气液平衡相图(图4)。

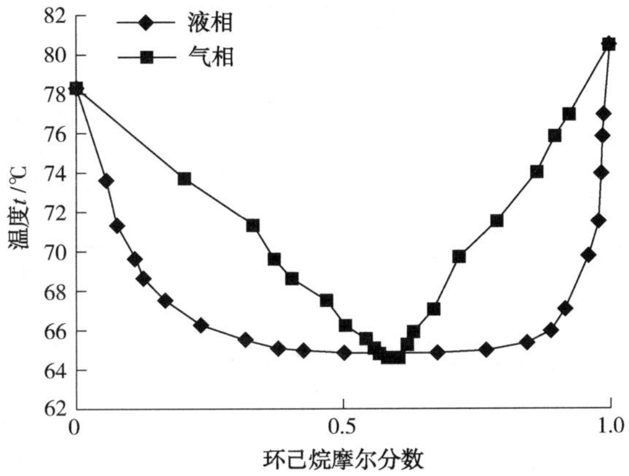

图4　乙醇-环己烷体系在常压下的气液平衡相图

(3) 活度系数求算。

$$\gamma_i = py_i / x_i\, p_i^0 \qquad (7)$$

式中　p——总压强，mmHg；

p_i^0——组分 i 在平衡温度下的饱和蒸气压，mmHg；

γ_i——组分 i 活度系数；

y_i、x_i——组分 i 气液相组成。

由于是在常压下测量，所以 p 为做实验时的大气压；y_i、x_i计算求出；p_i^0计算求出，所以活度系数便能求出，计算结果见表6。

表6　平衡温度下饱和蒸气压和活度系数

实验序号	平衡温度 t/℃	p_1^0/mmHg	p_2^0/mmHg	γ_1	γ_2
		乙醇	环己烷	乙醇	环己烷
0	78.4	762.097	708.020	—	—
1	73.7	631.144	611.974	1.028	4.374
2	71.4	574.254	568.870	0.968	5.745
3	69.7	535.017	538.576	1.012	4.868
4	68.7	513.002	521.360	1.022	4.628
5	67.6	489.667	502.928	0.996	4.283
6	66.3	463.243	481.812	1.072	3.405

续表

实验序号	平衡温度 t/℃	p_1^0/mmHg	p_2^0/mmHg	γ_1	γ_2
		乙醇	环己烷	乙醇	环己烷
7	65.6	449.517	470.736	1.138	2.796
8	65.1	439.922	462.949	1.233	2.446
9	65.0	438.024	461.404	1.315	2.220
10	64.9	436.133	459.863	1.481	1.931
11	64.9	436.133	459.863	1.795	1.646
12	64.9	436.133	459.863	2.166	1.486
13	65.0	438.024	461.404	2.950	1.320
14	65.4	445.658	467.609	4.200	1.205
15	66.0	457.318	477.040	5.613	1.141
16	67.1	479.359	494.721	6.312	1.135
17	69.8	537.261	540.322	9.726	1.063
18	71.6	579.025	572.520	15.872	1.076
19	74.0	638.899	617.780	10.588	1.090
20	75.9	689.885	655.566	8.391	1.068
21	77.0	720.922	678.256	7.245	1.058
22	80.7	833.980	759.126	—	—

七、思考题

(1) 若采用 Margules 两参数模型描述乙醇-环己烷体系，如何利用实验测得的活度系数 γ_i 拟合方程常数 A_{12}、A_{21}？

(2) 试分析恒沸点的存在对工业精馏分离过程的影响，并提出两种突破恒沸限制的工艺方法(如共沸精馏、萃取精馏等)，说明其原理及适用场景。

实验九　三元体系液液相平衡数据测定实验

一、实验目的

（1）采用浊点-物性联合法测定乙醇-环己烷-水三元物系的液液平衡双结点曲线和平衡结线。

（2）掌握实验的基本原理，了解测定方法，熟悉实验技能。

（3）通过实验，学会三角形相图的绘制。

二、实验原理

三元液液平衡数据的测定，有直接和间接两种方法。直接法是配制一定浓度的三元混合物，在恒定温度下搅拌，充分接触，以达到两相平衡。然后静止分层，分别取出两相溶液分析其组成，这种方法可直接测出平衡结线数据，但分析常有困难。

间接法是先用浊点法测出三元体系的溶解度曲线，并确定溶解度曲线上的每一点的组成与某一可检测量的关系（如折射率、密度或其中某物质的浓度等），然后再测定相同温度下平衡结线数据，这时只需根据溶解度曲线便可决定两相组成。

1. 溶解度测定原理

乙醇和环己烷、乙醇和水为互溶体系，而水在环己烷中溶解度很小。一定温度下，向乙醇和环己烷的混合溶液中滴加水到一定量时，原来均匀清晰的溶液开始分裂成水相和油相两相混合物，直观的现象是体系开始变浑浊。本实验先配制乙醇-环己烷溶液，然后加入第三组分水，直到出现浑浊，通过逐一称量各组分来确定平衡组成即溶解度。

2. 平衡结线测定原理

由相率可知，在定温定压下，三元液液平衡体系的自由度 $f=1$。这就是说在溶解度曲线上只要确定一个特性值就能确定三元物系的性质，通过测定平衡时上层（油相）、下层（水相）的折射率，并在预先测制的浓度-折射率关系曲线上查得相应组成，便获得平衡结线。

三、实验装置

1. 实验流程图

实验流程图如图 1 所示。

2. 流程说明

恒温釜采用夹套加热保温，加热介质为恒温水，三元体系温度测量采用铂电阻温度传感器，数字显示，三元体系通过磁力搅拌实现混合均匀。

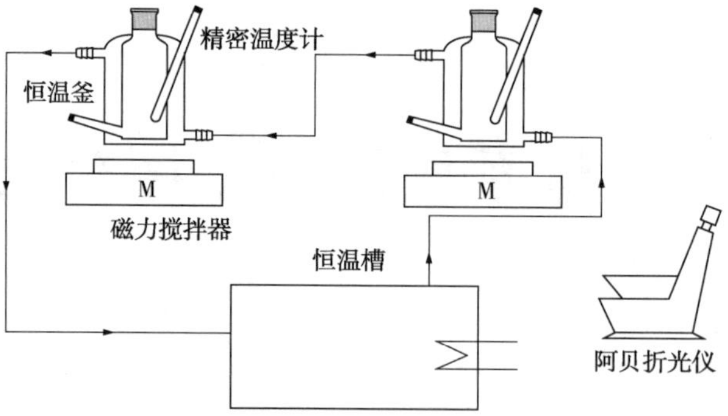

图 1　实验流程图

3. 设备仪表参数

恒温釜，80mL，2 个；磁力搅拌器，2 个；恒温槽，1 台；温度传感器，2 个；阿贝折光仪，1 台；医用注射器(5mL)4 支。

试剂：环己烷，分析纯；无水乙醇，分析纯；去离子水。

四、实验步骤

注意：a. 实验准备步骤是为分析组分浓度而做的，若是用气相色谱分析组分浓度，则无须测定标准曲线，直接进入第二步。

b. 因为测定的标准曲线是质量分数和折射率的关系，若由体积计算质量易造成很大误差，所以只需用注射器大约抽取相应的体积，然后称其准确质量。

1. 实验准备

(1) 按照表 1 配制乙醇-环己烷标准溶液，并测量其在 25℃下的折射率，得到 x_1-n_D 标准曲线(图 2)。也可由教师在实验开始前准备完毕。

表 1　乙醇-环己烷标准溶液的折射率

乙醇体积(约)/mL	环己烷体积(约)/mL	乙醇质量分数	折射率
1	0	1	1.3598
4(3.151g)	1(0.674g)	0.8238	1.3686
3(2.369g)	2(1.461g)	0.6185	1.3805
2(1.602g)	3(2.235g)	0.4175	1.3931
1(0.818g)	4(3.045g)	0.2118	1.4075
0	1	0	1.4248

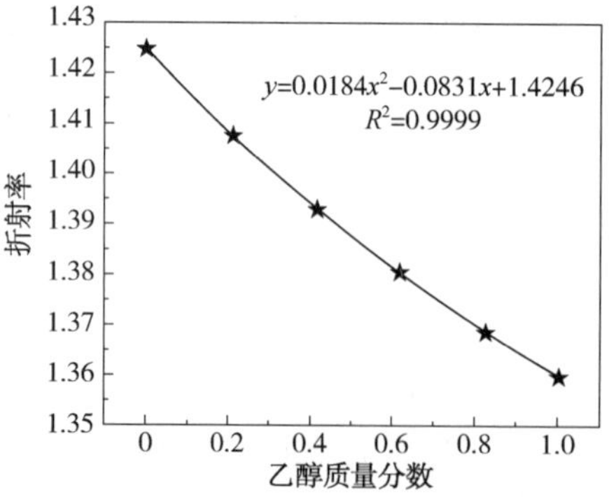

图 2　乙醇-环己烷标准溶液乙醇质量浓度标准曲线

将 x_1-n_D 数据关联回归，得到以下方程式：

$$y=0.0184x^2-0.0831x+1.4246 \quad (1)$$

通过测定未知液折射率，再根据方程(1)，便可计算出未知溶液中乙醇的质量分数。

(2) 同理，按照表 2 配制乙醇-水体系，并测量其在 25℃下的折射率，得到

x_1-n_D标准曲线(图 3)。也可由教师在实验开始前准备完毕。

表 2　乙醇-水标准溶液折射率

乙醇体积(约)/mL	水体积(约)/mL	乙醇质量分数	折射率
4(3.157g)	1(0.997g)	0.7600	1.3631
3.5(2.768g)	1.5(1.524g)	0.5819	1.3620
3(2.392g)	2(1.989g)	0.5460	1.3604
2.5(1.956g)	2.5(2.478g)	0.4411	1.3578
2(1.479g)	3(2.951g)	0.3339	1.3538
1.5(1.167g)	3.5(3.459g)	0.2523	1.3494
1(0.781g)	4(4.031g)	0.1623	1.3431
0.5(0.410g)	4.5(4.505g)	0.0834	1.337

将 x_1-n_D 数据关联回归，得到以下方程式：

$$y=-0.0614x^2+0.0895x+1.3304 \qquad (2)$$

通过测定未知液折射率，再根据方程(2)，便可计算出未知液中乙醇的质量分数。

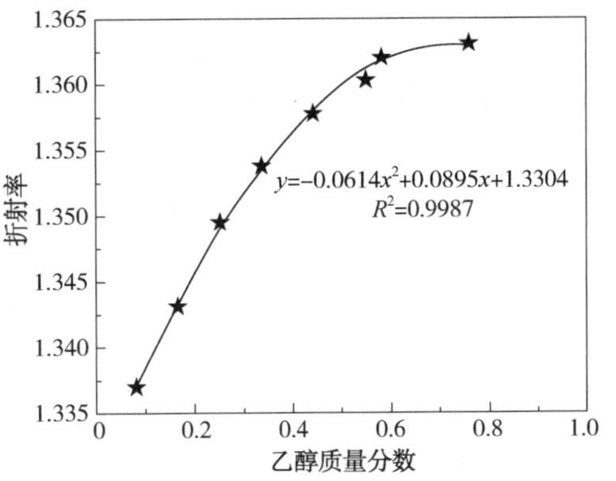

图 3　乙醇-水标准溶液乙醇质量浓度标准曲线

2. 三相溶解度测定

(1) 将阿贝折光仪、恒温釜和超级恒温水槽用软管连接起来，打开超级恒温水槽加热开关，设定恒温水温度 25℃(由于环境温度的影响，实际设置温度会高于或低于 25℃，以阿贝折光仪、恒温釜的实际温度为准)。

(2) 将磁子放入清洁干燥的平衡釜中，连接恒温水浴与平衡釜夹套，用固定夹固定住平衡釜，通恒温水恒温。

(3) 将约 20mL 环己烷倒入平衡釜，需准确测量加入环己烷的质量；然后加入约 10mL 的无水乙醇，仍需准确测量加入乙醇的质量；打开磁力搅拌器，转速设定在 400r/min 左右，使其混合均匀。

(4) 接着用医用注射器抽取约 1mL 去离子水用吸水纸轻轻擦去针头外的水，在电子天平上称重记下质量。将注射器里的水缓缓地向釜内滴加，仔细观察溶液，当溶液开始浑浊时，立即停止加水，将注射器轻微倒抽，以便使针头上的水抽回，然后再次称其质量，计算出滴加水的质量，最后根据环己烷、乙醇、水的质量，算出浊点的组成。根据实验情况，不停地改变环己烷或乙醇的量，重复以上操作，可测得一系列溶解度数据，绘制在三角形相图上，便成为一条溶解度曲线。

3. 平衡结线测定

(1) 用注射器抽取约 20mL 环己烷、10mL 乙醇和 6mL 水，准确称其质量，注入恒温釜内，缓缓搅拌 5min 后静置 15~20min，充分分层后，用洁净的注射器分别小心抽取上层和下层样品，测定折射率，对于上层油相样品通过图 2 标准曲线查出乙醇的质量分数，再由图 5 油相环己烷-乙醇浓度曲线计算上层中环己烷的浓度，从而得到上层油相的组成；对于下层水相样品，通过图 3 标准曲线查出乙醇的质量分数，再由图 6 计算出水的质量分数，从而得到下层水相的组成。这样就能得到一条平衡结线，三元物系的起始组成应在这条结线上。

（2）改变加入水的质量，重复步骤(1)，又可以得到一条平衡结线。

（3）结束实验，整理实验室。

五、注意事项

（1）本实验采用阿贝折光仪对三元组分进行分析，结果均为估算，计算结果有一定误差，但能符合一定规律。若要进行精确分析和进一步科学研究，建议采用气相色谱分析。

（2）为节省试剂，在做完一组三相溶解度测定后，可接着做一组平衡结线测定，只需将两次用水量相加即可。建议总用水量控制在 6~9mL 范围内。

六、数据记录与处理

本实验给出乙醇–环己烷–水三元体系液液平衡数据表(25℃)以供参考(表 3)。

表 3　乙醇–环己烷–水三元体系液液平衡数据表　　%

序号	乙醇	环己烷	水
1	41.06	0.08	58.86
2	43.24	0.54	56.22
3	50.38	0.81	48.81
4	53.85	1.36	44.79
5	61.63	3.09	35.28
6	66.99	6.98	26.03
7	68.47	8.84	22.69
8	69.31	13.88	16.81
9	67.89	20.38	11.73
10	65.41	25.98	8.31
11	61.59	30.63	7.78
12	48.17	47.54	4.29
13	33.14	64.79	2.07
14	16.7	82.41	0.89

（1）根据表 3 中数据，作出乙醇–环己烷–水三元体系溶解度光滑曲线(图 4)。

（2）根据表格中数据，分别作出油相中环己烷–乙醇浓度关系曲线以及水相中水–乙醇浓度关系曲线。

用阿贝折光仪分别测定分析出油相和水相中乙醇浓度，然后根据以下曲线以及拟合方程，分别计算出油相中环己烷浓度、水相中水的浓度，然后用减量法便可确定两相中第三组分的浓度。

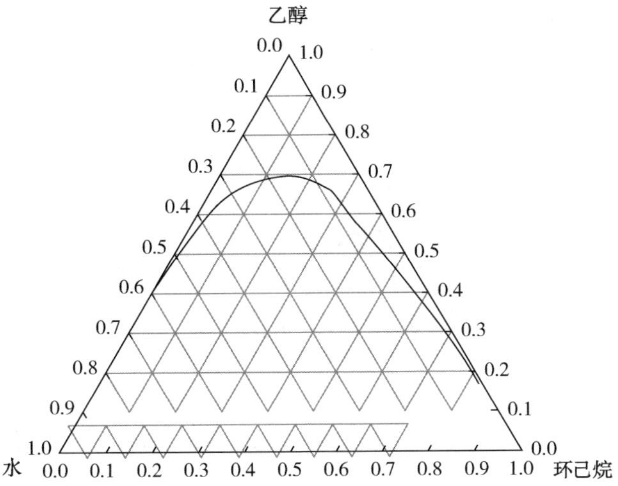

图 4　乙醇-环己烷-水三元体系溶解度光滑曲线

拟合得到方程

$$y=-0.003x^2-0.910x+98.44 \tag{3}$$

拟合得到以下方程

$$y=-0.001x^3+0.0148$$

$$y=-0.001x^3+0.148x^2-8.341x+220.9 \tag{4}$$

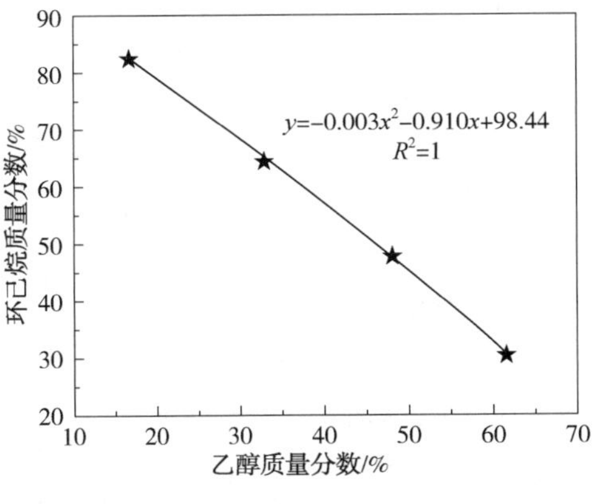

图 5　油相中环己烷-乙醇浓度关系曲线

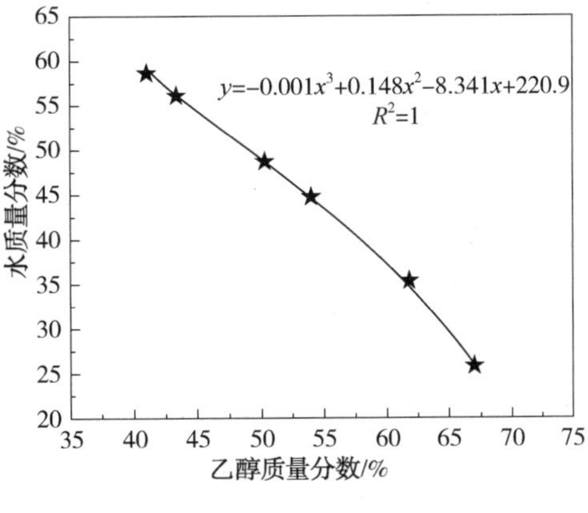

图 6　水相中水-乙醇浓度关系曲线

1. 数据记录表

所需实验条件，如室温、大气压、平衡釜温度列入表 4。此外，还有溶解度测定记录(表 5)，三元体系液液平衡实验数据(表 6)。

表 4　实验条件

室温/℃	大气压/kPa	平衡釜温度/℃

表 5　溶解度测定记录

组分	组分重/g	质量分数
环己烷		
乙醇		
水		

表 6　三元体系液液平衡实验数据

上层				下层			
折射率	环己烷质量分数	乙醇质量分数	水质量分数	折射率	环己烷质量分数	乙醇质量分数	水质量分数

2. 计算实例

（1）表 7 是表 4 实验条件的实例。

表 7　实验条件

室温/℃	大气压/kPa	平衡釜温度/℃
8. 8	101. 59	25

（2）表 8 是表 5 溶解度测定记录的实例。

表 8　溶解度测定记录

组分	组分重/g	质量分数
环己烷	15. 261	0. 6452
乙醇	7. 827	0. 3309
水	0. 565	0. 0239

（3）表 9 是表 6 平衡结线实验数据的实例。

表 9　三元体系液液平衡实验数据

上层				下层			
折射率	环己烷质量分数	乙醇质量分数	水质量分数	折射率	环己烷质量分数	乙醇质量分数	水质量分数
1. 4225	0. 9611	0. 0254	0. 0135	1. 3605	0. 0129	0. 5264	0. 4607
1. 4232	0. 9689	0. 0169	0. 0142	1. 3579	0. 0076	0. 4402	0. 5522

以第二组上层油相数据为例，计算过程如下：

上层：

上层样品折射率 1. 4232 代入方程(1)

$$y=0.0184x^2-0.0831x+1.4246$$

计算得到乙醇质量分数为 0. 0169，然后将 0. 0169 代入方程(3)，

$$y=-0.003x^2-0.910x+98.44$$

计算得环己烷质量分数为 0. 9689，于是，上层样品中水的质量分数为 1－0. 0169－0. 9689＝0. 0142

下层：

下层样品折射率 1.3579，代入方程(2)

$$y=-0.0614x^2+0.0895x+1.3304$$

得到乙醇质量分数 0.4402，代入方程(4)

$$y=-0.001x^3+0.148x^2-8.341x+220.9$$

计算得水质量分数为 0.5522，于是，下层样品中环己烷的质量分数为 1-0.4402-0.5522=0.0076

(4) 将浊点和平衡结线绘入三元相图(图 7)。

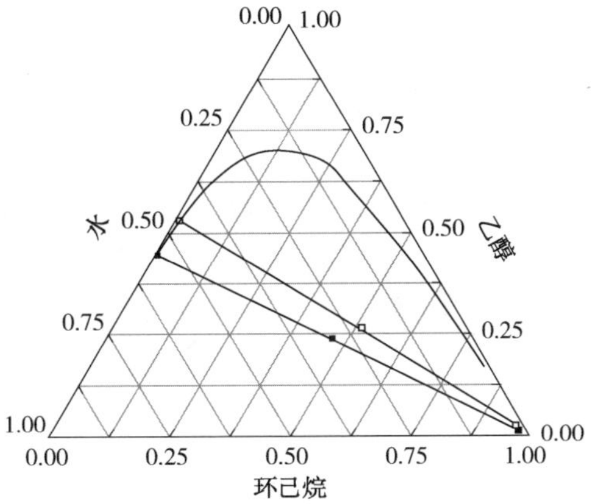

图 7　乙醇-环己烷-水三元相图

七、思考题

问题一：

(1) 为什么在测定浊点时，需要不断摇晃混合物并观察其由浑浊变澄清的过程？

(2) 如果未充分摇匀混合液就判断浊点，会对实验结果(双结点曲线)造成什么影响？

问题二：实验中观察到混合液静置后会分层。

(1) 乙醇-环己烷-水体系中，上下两层的组成主要是什么？请结合各组分的密度解释分层顺序(例如：哪一相密度更小，位于上层)。

(2) 若某次实验中分层不明显，可能是什么原因导致的？(提示：从组成接近相边界或未充分静置等角度思考)

问题三：

(1) 在绘制的三元相图中，双结点曲线内的区域代表什么状态(均相还是两相共存)？曲线外的区域呢？

(2) 如果实验测得的某个样品点在相图中位于双结点曲线外，可能是什么操作错误造成的？(例如：取样比例计算错误或未准确判断浊点)

实验十　填料塔轴向返混性能测定实验

一、实验目的

（1）掌握脉冲法测定填料塔中液相停留时间分布的方法。

（2）掌握用矩量法估计液相返混参数 Pe（彼可列数）的方法，并验证非理想流动的理论。

（3）测定不同液体流速对 Pe 的影响，求出 Pe_d 与 Re_L 的关系，绘制 Pe_d 与 Re_L 的关系曲线。

（4）了解微机系统数据采集的方法。

二、实验原理

描述返混的数学模型很多，较简单实用的是一维扩散模型。一维扩散模型的数学表达式

$$\frac{1}{Pe}\cdot\frac{\partial^2 c}{\partial z^2}-\frac{\partial c}{\partial z}=\frac{\partial c}{\partial \theta} \tag{1}$$

$$Pe=\frac{UH}{D_{ax}} \tag{2}$$

式中　Pe——彼可列数，描述返混程度的模型参数。

估计模型参数 Pe 的方法有多种，如矩量法、传递函数法、拟合法等。本实验采用矩量法，需要用到以下两个数学定义。

1. 浓度 $c(t)$ 的一阶原点矩

$$M_1=\frac{\int_0^\infty c(t)t\mathrm{d}t}{\int_0^\infty c(t)\mathrm{d}t}=\hat{t} \tag{3}$$

2. 浓度 $c(t)$ 的二阶中心矩

$$M_1=\frac{\int_0^\infty c(t)(t-\hat{t})\mathrm{d}t}{\int_0^\infty c(t)\mathrm{d}t}=\frac{\int_0^\infty c(t)t^2\mathrm{d}t}{\int_0^\infty c(t)\mathrm{d}t}-\hat{t}^2=\theta_t^2 \tag{4}$$

式中　t——停留时间；

θ_t^2——方差或散度。

结合式(3)、式(4)，可导出下面的方程：

$$\sigma_\theta^2=\frac{\theta_t^2}{\hat{t}^2}=\frac{2}{Pe}-2\left(\frac{1}{Pe}\right)^2(1-\mathrm{e}^{-Pe}) \tag{5}$$

实验测得 $c(t)$ 与 t 的关系数据，然后由式(3)求得 $\hat{t}$，由式(4)求得 θ_t^2，通过式(5)求得 Pe。

该模型适用于研究流体在填料塔中的实际流动状况，测定流体的轴向液体返混程度，对反应器进行设计和分析，是教学实验和科学研究的有力手段。

特点：以水和空气为操作介质，空气自下而上，水自上而下，在填料层内逆流接触，用脉冲示踪法，联机测定塔出口示踪剂浓度 $c(t)$ 随时间 t 的变化曲线，并由计算机实时数据采集、存储、屏幕绘图显示，经数据处理后，获得模型参数 Pe，并可打印曲线、数据及结果。塔体用有机玻璃制成，具有透明可视的优点。离心泵采用马达驱动器实现无级调速，更具特色。

三、实验装置与流程

1. 技术指标

(1) 塔主要尺寸：ϕ90mm×5mm，总高 1.8m。

(2) 填料：整规高效不锈钢丝网波纹填料，型号为 CY-700(当量直径 5.4mm)，填料填充高度为 1.4m。示踪剂：饱和 KNO_3 溶液，由计算机控制加入量。

(3) 空气流量范围：0.4~4m^3/h。水流量范围：60~600L/h。

(4) 空压机：V-0.12/7；空气过滤器：QAF-4000。

2. 装置流程图

填料塔轴向液相返混性能测定工艺流程见图 1。

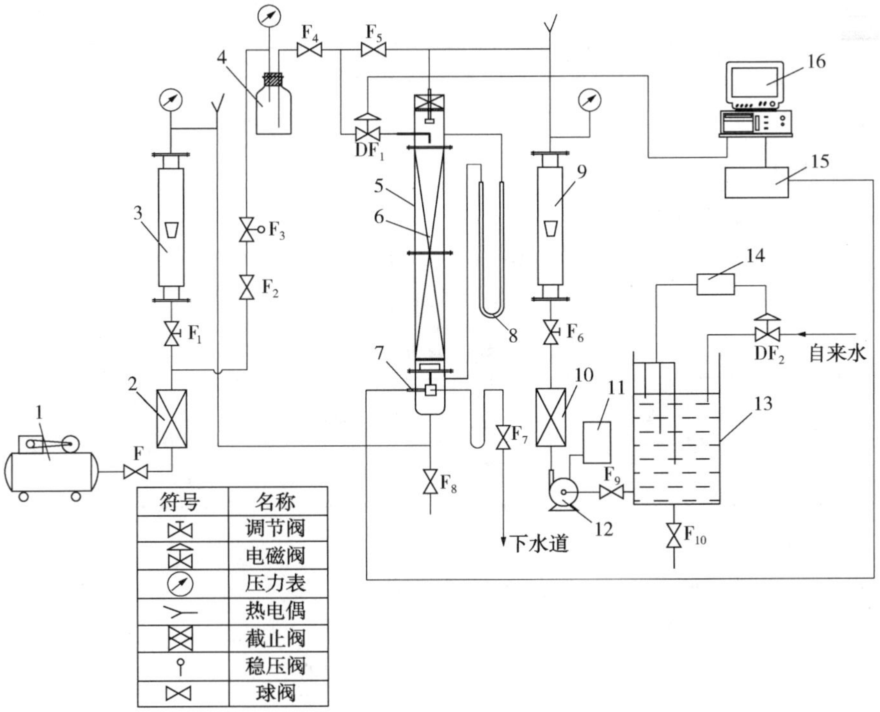

图 1　填料塔轴向液相返混性能测定工艺流程示意

1—空气压缩机；2—空气滤油器；3—玻璃转子流量计(空气)；4—示踪计罐；5—有机玻璃塔；6—塔填料；7—电极；8—差压计；9—玻璃转子流量计(水)；10—水过滤器；11—马达驱动器；12—离心泵；13—水储槽；14—水位控制器；15—电导率仪；16—计算机系统

四、操作步骤

1. 准备工作

(1) 仪表柜接通电源。按下面板上总电源开关，再分别按下电导率仪、马达驱动器、测温表的开关，使各仪表接通电源并有显示。

(2) 用塑料管将自来水与水储槽出口管连接牢固，并打开进水阀门，将塔下端排水管引入下水道。关闭水储槽放空阀。

(3) 将空压机排气口与装置进气口连接牢固。

(4) 加装示踪剂。将预先配制好的饱和 KNO_3 溶液 800mL 加入示踪剂罐内，并压紧上盖。

(5) 将微机与装置连接好，启动微机，运行 BYCIC 微机测控系统，显示操作界面。

(6) 启动空压机。将空压机接通电源(220V，50Hz)，空压机开始运转，调节阀门，使空气转子流量计流量处于约 $3m^3/h$。

(7) 启动水泵。按马达驱动器的“RUN”键，启动水泵，调节阀门，使转子流量计流量处于约 300L/h，约 20min，以使填料表面充分润湿。

(8) 示踪剂管内充压。关闭阀 F_5，打开阀 F_4 和 F_2，用螺丝刀调节稳压阀 F_3(向下视，顺时针旋转为增压，否则则反)，使示踪剂罐内压力为 0.02MPa。(注意压力不得超过 0.05MPa)

(9) 示踪剂充满管路。意在使阀门 F_4 至电磁阀 DF_1 的管路充满 KNO_3 溶液。操作方法为在 BYCIC 软件的“实时采集”界面中，调节阀开时间为 2~3s，按下“开始实验”按钮，观察计算机屏幕，若有峰形出现即可。若无，重复此操作。

2. 实验操作

(1) 操作条件。

① 固定空气的流量为 $3m^3/h$。

② 改变水流量分别为 100L/h、200L/h、300L/h、400L/h、500L/h。

③ 每组操作条件下，获得一个 Pe 值。具体组合操作见表 1。

表 1　空气流量、水流量、*Pe* 的组合

空气流量/(m^3/h)	3	3	3	3	3
水流量/(L/h)	200	250	300	350	400
Pe	Pe_1	Pe_2	Pe_3	Pe_4	Pe_5

(2) 具体操作如下。

① 固定气体流量。调节阀 F_1 使浮子处于 $3m^3/h$ 位置。

② 调节水流量。调节阀 F_6 使浮子处于 100L/h 位置，稳定运转 10min。

③ 输入实验条件。于 BYCIC 软件的工艺流程界面相应位置输入水和空气流量、水和空气温度及塔差压(kPa)。

④ 注入示踪剂。于 BYCIC 软件实时采集界面中，调节阀开时间为 1s(需经实验确定)，按“开始实验”按钮。此时，电导率仪显示将发生变化，同时计算机屏幕上将随塔出口处 KNO_3 浓度变化而画出一条浓度随时间变化的曲线。

⑤ 采集数据时间。一般不大于 10min，到达预定时间，按“STOP”按钮结束，并按“保存”按钮保存数据。此次取样完毕。

⑥ 数据处理。于 BYCIC 软件历史记录界面中，打开相应文件，按“开始计算”按钮，确定边界后，即可得出 *Pe* 值，并可打印曲线、数据或结果。

按①~⑥的步骤进行其他条件实验，如果时间允许，每组数据可重复一次。在装置允许的范围内，还可以设计其他条件的实验。

3. 停车

(1) 冲洗电磁阀 DF_1。目的是保护电磁阀正常工作。方法为关闭阀 F4，打开阀 F5，调节阀开时间为 1min，按“开始实验”按钮。

(2) 结束实验。先停水泵，按马达驱动器的“STOP”键；后停空气，断开空压机的电源即可。

(3) 退出 BYCIC 软件，关闭计算机。

(4) 关闭电源。面板上先关各分电源开关，再关总电源开关。

(5) 关断水源。

如果短期内还运转装置，结束工作完毕；否则，还需进行下述工作：

(1) 放净泵内的水。打开泵下方的排水阀。

(2) 放净水储槽内的水。用软管一端接阀 F_{10}，另一端去下水道，打开阀 F_{10}。

(3) 放出示踪剂。取下示踪剂罐将未用完的 KNO_3 溶液倾出，并保存，用水洗净，放回原位。

(4) 放掉塔底残液。打开阀 F_7 将水放出。

4. 注意事项

(1) 饱和 KNO_3 水溶液的配制。在容器的底部须有未溶的 KNO_3 存在。

(2) 实验中加示踪剂的间隔时间大于 10min，避免 KNO_3 积累。

(3) 为防止示踪剂罐破裂，罐内压力不可大于 0.05MPa。

(4) 马达驱动器的操作顺序，请参阅其说明书。

(5) BYCIC 软件的使用详见软件附带 Readme。

(6) 为防止进入塔的气体通过排液管而短路，在改变水流量时，需要观察 U 形差压计指示的大小。

五、实验数据记录与数据处理

(1) 绘制不同液速条件下填料塔停留时间分布曲线。

(2) 求出不同液体流速下的 Pe_d 与 Re_L，绘制 Pe_d 与 Re_L 的关系曲线。

(3) 以其中一组数据为例，写出主要计算过程及对应的 Excel 计算表。

符 号 表

$$Pe_d = Pe \times \frac{d}{H}$$

$$Re_L = \frac{D u_L \rho}{\mu}$$

c——示踪剂 KNO_3浓度，无因次；
D_{ax}——有效轴向扩散系数，m/s；
Pe_d——以填料当量直径表示的 Pe，无因次；
Re_L——以水相空塔速度表示的 Re，无因次；
d——填料当量直径，mm；
H——填料层高度，m；
u——液相缝隙速度，m/s；
u_L——水相空塔速度，m/s；
ρ——水密度，kg/m^3；
μ——水黏度，$kg \cdot s/m^2$；
D——反应塔内径，m；
θ——无因次时间，$\theta = \frac{t}{\hat{t}}$；
t——停留时间，s；
$\hat{t}$——平均停留时间，s。

六、思考题

（1）请解释彼可列数 Pe 的物理意义，彼可列数 Pe 的大小与反应器轴向返混的关系。
（2）请分析实验中可能出现的误差来源，并提出相应的减小误差的方法。
（3）在工业应用中，如何减小返混，返混现象是否一定对反应不利？

实验十一 催化剂内扩散有效因子测定实验

一、实验目的

(1) 了解内、外扩散过程及其对反应的影响。

(2) 掌握催化剂内扩散有效因子的概念及其测定方法。

(3) 了解本征反应动力学的实验测定方法。

(4) 了解固定床反应器中床层的温度分布情况。

二、实验原理

环己烷是无色透明的液体，不溶于水，有刺激性气味，易挥发、易燃，沸点 80.73℃，相对密度 $d_4^{20}=0.7785$。主要作为己二酸和己内酰胺的合成原料。环己烷的生产方法以苯加氢为主，其次是石油烃分离法。苯加氢制环己烷，采用气固相催化反应或液相催化反应都可得到较高收率，工业上两种方法都有万吨级生产规模。本实验采用气固相催化加氢法，用镍催化剂在固定床反应器中合成环己烷。

1. 苯加氢气固相催化反应本征动力学

在 Ni/Al_2O_3 固体催化剂作用下，苯加氢反应方程式为：

$$C_6H_6(g)+3H_2(g)\xrightarrow{130\sim180℃}C_6H_{12}(g)$$

此反应可近似看成单一不可逆放热反应，在氢气大量过量的情况下可视为拟一级反应，故：

$$(-R_A)_{本征}=k_P c_{AG} \tag{1}$$

式中 k_P——本征反应速率常数；

c_{AG}——苯的物质的量浓度。

2. 宏观动力学

固体催化剂外表面为一气体层流边界层所包围，颗粒内部则为纵横交错的孔道，如图 1 所示。多相催化反应过程包括：

① 反应物由气相主体扩散到颗粒外表面——外扩散；

② 反应物由外表面向孔内扩散，到达内表面——内扩散；

③ 反应物在内表面上吸附；

④ 反应物在内表面上反应生成产物；

⑤ 产物自内表面解吸；

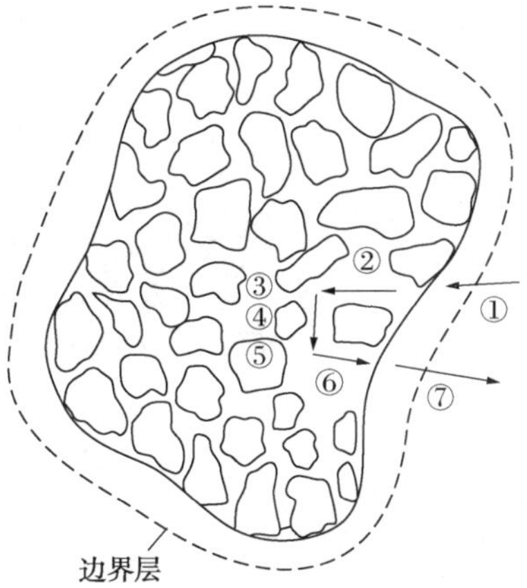

图 1 多相催化反应过程

⑥ 产物由内表面扩散到外表面——内扩散；

⑦ 产物由颗粒外表面扩散到气相主体——外扩散。

气固催化反应的速率不但与化学反应有关，还和流体流动、传热、传质有关，这种包括了物理过程影响的化学反应速率叫作宏观反应速率。通常用有效因子的概念来表示扩散对反应的影响，则

$$(-R_A)_{宏观}=\eta_0(-R_A)_{本征} \tag{2}$$

式中　η_0——总有效因子，它表示内、外扩散阻力对化学反应影响程度的大小。

$$\eta_0\begin{cases}\eta_x\text{——外扩散有效因子}\\ \eta\text{——内扩散有效因子}\end{cases}$$

通过床层的流体质量速度 G 对外扩散有显著影响，G 增大时，外扩散速率变快，而 G 的变化对内扩散并无影响。当质量速度 G 增大到某一值 G_c 时，可认为外扩散的阻力为零，只存在内扩散阻力。

当只有内扩散影响、外扩散阻力可忽略不计时：$\eta_0=\eta$

$$(-R_A)_{宏观}=\eta(-R_A)_{本征} \tag{3}$$

3. 内扩散有效因子的测定

在外扩散影响已经消除的基础上测定内扩散有效因子。

实验在装填有一定质量、一定粒径球形催化剂的固定床反应器中进行。按图 2，取微元 dW 对 A 组分作物料衡算可得：

$$F_{A0}dx_A=(-R_A)_{宏观}dW \tag{4}$$

式中　F_{A0}——A 的进料摩尔流率。

$$(-R_A)_{宏观}=\frac{dx_A}{d(W/F_{A0})} \tag{5}$$

在某一反应温度下，通过改变苯和氢气的进料流量，测定相应的出口组成，求得苯的转化率 x_A，得到 $x_A\sim W/F_{A0}$ 曲线(图 3)，曲线上任意一点的斜率就对应该转化率下的宏观反应速率，而：

$$(-R_A)_{宏观}=\eta_0(-R_A)_{本征}=\eta k_P c_{AG} \tag{6}$$

式中：

$$c_{AG}=c_{A0}(1-x_A) \tag{7}$$

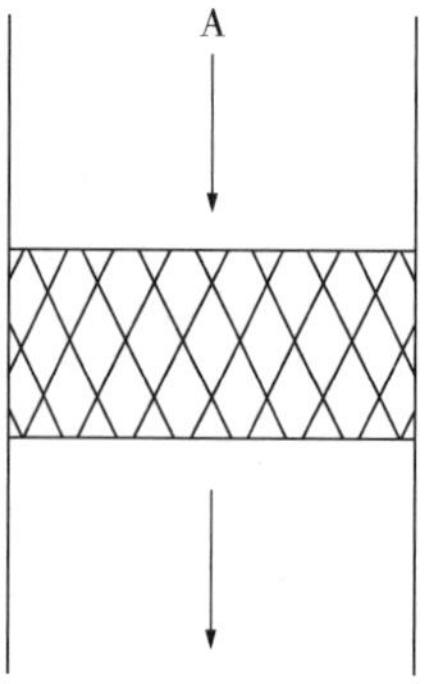

图 2　物料衡算示意

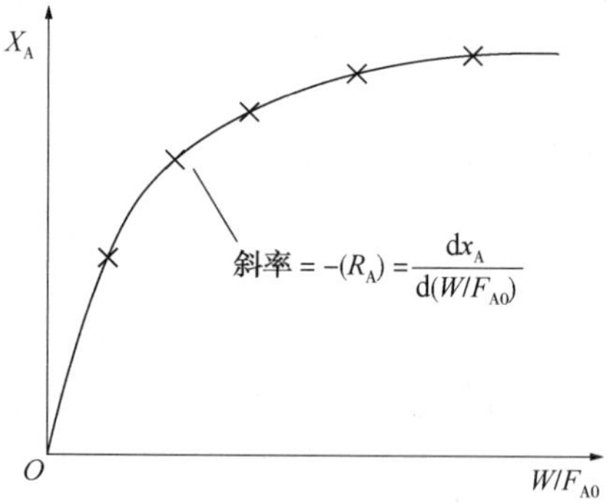

图 3　宏观反应速率求取曲线

c_{A0}可根据进料组成求得。所以

$$\eta=\frac{(-R_A)_{宏观}}{k_P c_{AG}} \tag{8}$$

由于本征反应速率常数 k_P 值未知，故不能直接由式(8)求出内扩散有效因子。

由实验数据作出 $x_A \sim W/F_{A0}$曲线，曲线方程为

$$x_A=A\left(\frac{W}{F_{A0}}\right)^2+B\left(\frac{W}{F_{A0}}\right)+C \tag{9}$$

其中，A、B、C 为拟合多项式系数。

曲线上任意一点的斜率就对应该转化率下的宏观反应速率：

$$(-R_A)_{宏观}=\frac{dx_A}{d(W/F_{A0})}=B+2A\times\left(\frac{W}{F_{A0}}\right)\text{mol/g}\cdot\text{h} \tag{10}$$

对第一组数据：

$$(-R_A)_{宏观}=\frac{dx_A}{d(W/F_{A0})}=?\ \text{mol/g}\cdot\text{h}=?\ \text{mol/(g}\cdot\text{3600s)} \tag{11}$$

$$\begin{aligned}Q_0&=\frac{(F_{A0}+F_{H0})\times22.4\times1000\times(273.15+T_0)}{273.15}\text{mL/h}\\&=\frac{(?+?)\times22.4\times1000\times(273.15+?)}{273.15}\text{mL/h}=?\ \text{mL/h}\end{aligned} \tag{12}$$

$$c_{A0}=\frac{F_{A0}}{Q_0}=?\ \text{mol/mL} \tag{13}$$

$$c_{AG}=c_{A0}(1-x_A)=?\ (1-?)=?\ \text{mol/mL} \tag{14}$$

在球形颗粒催化剂上进行一级不可逆反应时

$$\eta=\frac{3}{\phi_S}\left(\frac{1}{\tanh(\phi_S)}-\frac{1}{\phi_S}\right) \tag{15}$$

ϕ_S 为球形颗粒上进行一级反应时的西勒模数

$$\phi_S=R\sqrt{\frac{k_V}{D_{eA}}} \tag{16}$$

$R=\dfrac{V_S}{S_S}$——催化剂颗粒半径，为一已知值(本反应器填装 10~20 目左右的催化剂，颗粒半径约 1.5mm)。

定义

$$\begin{aligned}\Phi_S&=\phi_S^2\eta=R^2\frac{k_V}{D_{eA}}\frac{(-R_A)_{宏观}}{k_w c_{AG}}=R^2\frac{k_w\rho_P}{D_{eA}}\frac{(-R_A)_{宏观}}{k_w c_{AG}}=R^2\frac{(-R_A)_{宏观}\rho_P}{D_{eA}c_{AG}}\\&=?\ \text{cm}^2\ \frac{?\ \text{mol/(g}\cdot\text{s)}\times\ ?\ \text{g/cm}^3}{?\ \text{cm}^2\text{/s}\times\ ?\ \text{mol/cm}^3}=某一数值(无量纲)\end{aligned} \tag{17}$$

式(17)右边各项均可由实验测得，故由此式可直接求出 Φ_S 值。

式中 k_V——按单位体积催化剂计算的反应速率常数；

ρ_P——颗粒密度，g/cm^3；

k_w——按单位质量催化剂计算的反应速率常数；

ϕ_S——西勒模数；

η——有效因子；

D_{eA}——气态苯在催化剂颗粒内部的有效扩散系数，取作 0.2cm²/s。

催化剂的颗粒密度计算：

$$\rho_P = \frac{0.1667}{\frac{\pi}{4} \times 0.5^2 \times 0.5} g/cm^3 = 1.6985 g/cm^3 \tag{18}$$

经称量原颗粒催化剂是直径和高度均为 5mm 的圆柱体，质量 0.1667 g，本反应器中填装的催化剂是由圆柱状颗粒粉碎至 10~20 目左右所得，其颗粒密度不变。

先假设 ϕ_S，由 $\eta \sim \phi_S$ 求出 η，判断得到的 $\phi_S^2 \eta$ 值是否等于由式(17)求得的 Φ_S，若不等，重新假设 ϕ_S 值，反复计算，直到相等。若相等，此时的 η 值即为所求。

对于一级不可逆反应，球形催化剂颗粒的 η 随 ϕ_S 的变化关系如图 4 所示。由图 4 可知，当 $\phi_S<0.5$ 时，η 接近 1.00，表明球形催化剂颗粒内的扩散进行得很快，内扩散影响可以忽略；当 $0.5<\phi_S<3.0$ 时，η 介于 0.67 到 0.98，表明此时内扩散的影响已经很明显，不能忽略；当 $\phi_S>3.0$ 时，η 已经较小，说明内扩散影响非常严重，这时催化剂内表面的利用率很低。ϕ_S 越大，η 越小，但当 $\phi_S>10.0$ 时，η 随 ϕ_S 值增大而减小的趋势变缓。要使催化剂颗粒微孔内的物质浓度均维持在较高水平，η 相对较大，充分利用催化剂整个内表面，应降低 ϕ_S 的值，并使其保持在 0~0.5。

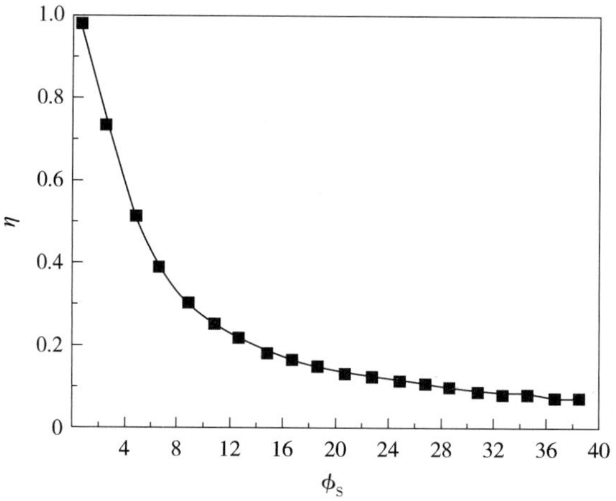

图 4　催化剂颗粒有效因子随西勒模数的变化关系

三、装置介绍

1. 实验流程图

催化剂内扩散有效因子测定实验流程见图 5。

2. 流程说明

氢气钢瓶出来的氢气经减压阀减压、质量流量计计量后与从液体泵打出的苯混合进入预热器，在此苯汽化并与氢气充分混合，从预热器出来的原料进入反应管，从上至下经过床层，反应产物从反应管下端出来，可以直接经保温进入气相色谱采样，分析结束，改变实验条件，体系稳定期间产品经过气体冷凝器冷凝，进入气液分离器，尾气经湿式气体流量计计量后排空，液相也可通过阀门 VA07 取样。改变气液流量等实验条件，进行多组实验。

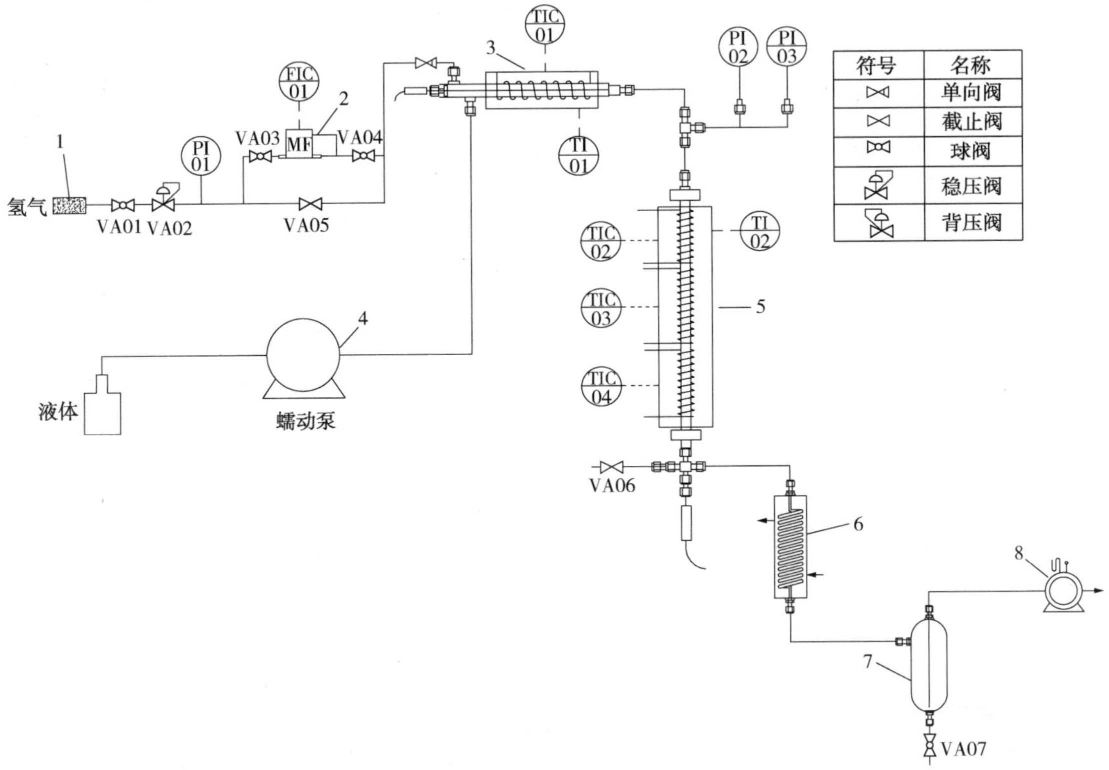

图 5　催化剂内扩散有效因子测定实验流程

1—过滤器；2—气体质量流量计；3—预热器；4—蠕动泵；5—固定床反应器；
6—冷凝器；7—气液分离器；8—湿式气体流量计

3. 仪表参数

该装置由反应系统和控制系统组成，反应器为管式固定床，316L 不锈钢材质。反应管外径 27mm，内径 15mm，长度 500mm。管内有直径为 3mm 的不锈钢套管，以便在 3mm 管内插入直径为 1mm 的铠装式热电偶。加热炉采用三段控温，于炉子 1/3、1/2、2/3 处分别内插一根控温热电偶，控制加热炉的加热功率。预热器外径 16mm，内径 10mm，长度 250mm，预热炉加热功率 0.5kW。

反应加热炉为圆形开式炉，加热炉 ϕ240mm×500mm。加热功率 1.8kW。温度控制灵活，控温与测温数据均触摸屏显示。

实验辅助检测设备：气相色谱仪（FID 检测），1 台。

主要试剂：苯（分析纯）、氢气（99.9%，钢瓶气）。

四、操作步骤

（1）通氮气试漏：质量流量计切换到冲洗状态，调节入口稳压阀，保持入口压力 0.4MPa 左右，反应器入口压力≥0.1MPa，用肥皂水检测各接口是否有泄漏。

(2) 催化剂装填：试漏完成后，泄压至常压，拆卸反应器，按照图 6 将催化剂填装进反应器内，再将卡套和出口接管连接好，拧紧密封，慢慢安装到装置上，待用。

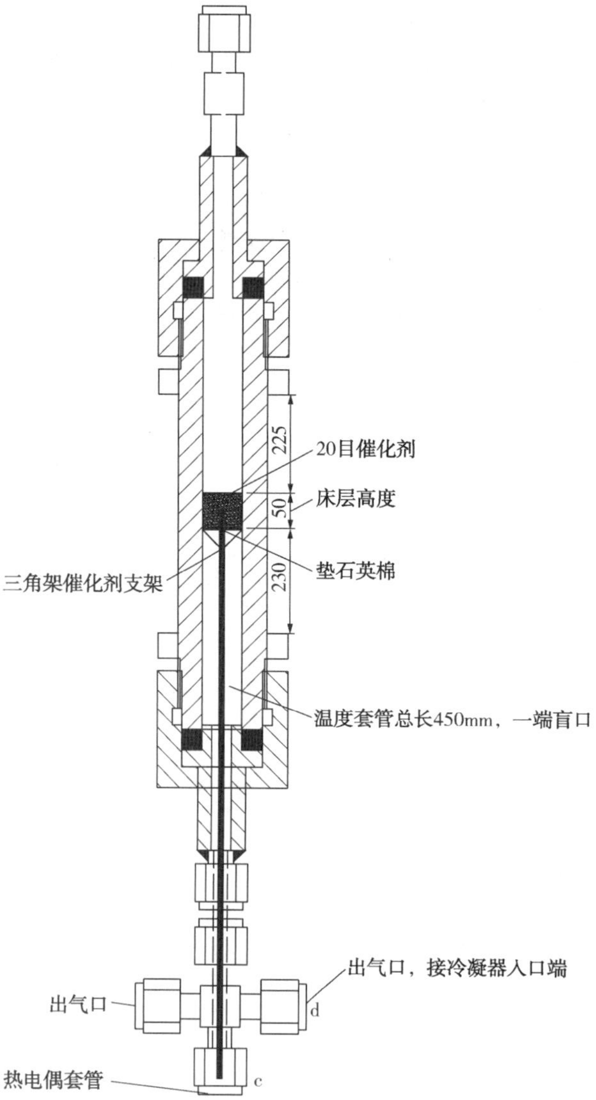

图 6　催化剂填装示意

(3) 催化剂还原：开启总电源和控制电源，打开氢气钢瓶总阀，调节稳压阀，使氢气出口处压力稳定在 0.1MPa，氢气流量 100mL/min，反应炉程序控温设置 SP_1：室温，t_1：180min，SP_2：150～160℃，t_2：120min，SP_3：150～160℃，t_3：120min，SP_4：250～260℃，t_4：240min，SP_5：250～260℃，t_5：-5（SP_2、SP_3、SP_4 温度值可依据室温的不同而更改，在两个恒温段分别保证催化剂床层温度在 150℃和 250℃左右）。

(4) 液体泵标定：需要用量筒或更精确的移液管等对蠕动泵流转比进行标定，厂家提供 13# 管在介质为水的情况下，流转比约为 0.0776mL/r。

(5) 温度设定：开启电源开关，设置好预热器和反应器加热炉上、中、下三段的温度 150℃、110～120℃、130～140℃、110～120℃。

(6) 升温：打开氢气钢瓶总阀，调节稳流阀，使氢气出口处压力稳定在 0.1MPa 左右，控制合适的氢气流量（100mL/min 左右）通入反应器，目的是使床层温度升高时床层温度均匀，同时氢气也是反应原料。

(7) 进料：待预热器和反应器加热炉的温度分别达到所设定的温度时，给冷凝器通冷却水。开启液体泵，泵入苯，苯的流量根据停留时间的要求控制在某一适当的范围（苯的流量可控制在 0.1mL/min），并要求苯和氢气的进料摩尔配比维持在 1∶6，根据此摩尔配比调节氢气的流量。（此摩尔配比为催化剂厂家建议，也可在实验中探讨最佳摩尔配比）

(8) 催化反应：苯在预热器汽化并与氢气混合后进入催化剂床层发生反应。由于是放热反应，若反应器温度升高属于正常现象，此时要对加热炉中段给定温度稍做调整。

(9) 取样分析：当反应器床层温度达到所要求的温度，且加热炉的温度均稳定不变时，反应 30min 后用试管采集液相或者经取样阀进色谱检测产品组成，继续反应 10min，重复检测产品，得到产品组成，做 2 组平行数据。

(10) 改变苯进料流量，同时相应改变氢气进料流量，保持苯和氢气的进料摩尔配比不变（仍为 1∶6），待稳定后重复操作步骤(9)，进行 5～6 个不同流量实验，稳定期间的产品经过冷凝器冷凝、气液分离器分离，尾气排空，冷凝液对身体有害待实验结束后集中处理。

（11）尾气处理：实验尾气含有少量苯，需要通过硅胶软管将尾气排放到室外，或者将尾气排入工业乙醇进行吸收，吸收废液定期集中处理。

（12）实验结束，关闭液体泵，关闭加热电源。继续通入氢气，待床层温度降至100℃以下，方可关闭氢气钢瓶，以防止温度过高造成催化剂失活。

五、注意事项

（1）实验前，一定要检查管路的气密性，尾气要接到室外；本实验用氢，切记安全。

（2）实验操作一定要按步骤进行，防止催化剂失活。

（3）实验中要注意保持氢气、苯流量的稳定。

（4）实验结束后，检查水、电、气的阀门，关闭后才能离开。

六、数据处理

1. 催化剂内扩散有效因子测定实验数据记录

实验数据与分析结果分别列入表1、表2。

气温：________℃　　　　大气压：________MPa　　　　实验日期：________

表1　实验数据记录表

序号		氢气流量/(mL/min)	苯流量/(mL/min)	反应温度/℃
1	(1)	150	0.1	
	(2)			
2	(1)	250	0.17	
	(2)			
3	(1)	300	0.2	
	(2)			
4	(1)	450	0.3	
	(2)			
5	(1)	600	0.4	
	(2)			
6	(1)	750	0.5	
	(2)			

表2　分析结果

序号		y_1/%	y_2/%	x_A/%	$\bar{x}_A$/%	W/F_{A0}/(g·h/mol)
1	(1)					
	(2)					

续表

序号		$y_1/\%$	$y_2/\%$	$x_A/\%$	$\bar{x}_A/\%$	$W/F_{A0}/(g\cdot h/mol)$
2	(1)					
	(2)					
3	(1)					
	(2)					
4	(1)					
	(2)					
5	(1)					
	(2)					
6	(1)					
	(2)					

2. 反应器出口转化率的计算

设苯的流量为 F_{A0}(mol/h)，反应器出口转化率为 x_A，出口气体中，苯的质量百分含量为 y_1，环己烷的质量百分含量为 y_2(不考虑其中氢气的质量百分含量)，即 $y_1+y_2=100\%$。

由化学方程式：$C_6H_6(g)+3H_2(g)\xrightarrow{Ni，150℃}C_6H_{12}(g)$

反应前：(mol/h)　　F_{A0}　　0

反应后：(mol/h)　　$F_{A0}(1-x_A)$　　$F_{A0}x_A$

即：(g/h)　　$F_{A0}(1-x_A)\times78$　　$F_{A0}x_A\times84$

$$y_1=\frac{78F_{A0}(1-x_A)}{78F_{A0}(1-x_A)+84F_{A0}x_A}=\frac{13(1-x_A)}{13(1-x_A)+14x_A} \tag{19}$$

$$y_2=\frac{84F_{A0}x_A}{78F_{A0}(1-x_A)+84F_{A0}x_A}=\frac{14x_A}{13(1-x_A)+14x_A} \tag{20}$$

化简得：$x_A=\frac{13(1-y_1)}{13+y_1}$或 $x_A=\frac{13y_2}{14-y_2}$

y_1和 y_2可通过气相色谱分析反应器出口气体组成而得。因此可计算出口转化率。

3. 反应速率 $-R_A$ 的计算

由实测的 $x_A\sim W/F_{A0}$曲线，可用多项式拟合，然后求导，任何一个 x_A 所对应的导数值就是该点的反应速率值。

4. 有效扩散系数 D_{eA}值

苯在催化剂颗粒中的有效扩散系数可取 0.2cm²/s。

5. 内扩散有效因子的计算

将上述 $-R_A$、D_{eA}、催化剂颗粒半径 R、c_{AG}代入式(17)中，得出 Φ_S，先假设 ϕ_S，由 $\eta\sim\phi_S$ 求出 η，判断得到的 $\phi_S^2\eta$ 值是否等于由式(17)求得的 Φ_S，若不等，重新假设 ϕ_S 值，反复计算，直到相等。若相等，此时的 η 值即为所求。

提供 Excel 计算表格，只需将实测的 y_1 和 y_2 及反应器床层温度 T_0 输入表格中，即可得到实验结果，通过手动试差方法，即可得到有效因子 η 值。

七、实验讨论

(1) 外扩散阻力如何消除?

(2) 本征反应动力学如何测定?

八、附件

化学试剂及其理化性质见表 3。

表 3 化学试剂及其理化性质

苯	化学式	C_6H_6
	物理性质	在常温下为一种无色、有甜味的透明液体，并具有强烈的芳香气味
	用途	本实验的原料液，纯度要求为分析纯
	毒性及危险性	苯的挥发性大，暴露于空气中很容易扩散。人和动物吸入或皮肤接触大量苯进入体内，会引起急性和慢性苯中毒
环己烷	化学式	C_6H_{12}
	物理性质	为无色有刺激性气味的液体
	用途	本品主要用于制造尼龙的单体己二酸、己二胺和己内酰胺等 本实验的目标产品物质
	毒性及危险性	属低毒类。有刺激和麻醉作用，对眼和上呼吸道有轻度刺激作用。持续吸入可引起头晕、恶心、嗜睡和其他一些麻醉症状。液体污染皮肤可引起痒感
氢气	化学式	H_2
	物理性质	无色无味的气体，密度是空气的 1/14
	用途	氢是主要的工业原料，也是最重要的工业气体和特种气体 本实验用氢气做氢火焰检测器的燃气，同时也是反应的原料气
	毒性及危险性	极易燃的气体，在空气中的体积分数为 4%至 75%时都能燃烧
氮气	化学式	N_2
	物理性质	无色无味无臭的气体，且通常无毒
	用途	本实验用来作气相色谱的载气

九、思考题

问题一：实验中使用的镍催化剂为颗粒状：

(1) 如果改用更小颗粒的催化剂，预测有效因子会如何变化？为什么？

(2) 从表面积和扩散路径角度，解释颗粒大小对反应速率的影响。

问题二：实验中发现，随着反应温度升高，环己烷生成速率先增后趋于平缓：

(1) 为什么高温时速率不再明显增加？是否与内扩散有关？

(2) 若有效因子随温度升高而下降，可能说明什么问题？

问题三：工业上苯加氢制环己烷同样使用固定床反应器：

(1) 若发现催化剂内扩散严重(有效因子低)，可通过哪些操作调整提高效率？(例如：粉碎催化剂颗粒、改变反应压力等)

(2) 为什么工业生产中需要权衡催化剂颗粒大小与床层压降的关系？

实验十二　筛板精馏实验

一、实验目的

（1）熟悉板式精馏塔的结构、流程及各部件的结构作用。

（2）了解精馏塔的正确操作，学会正确处理各种异常情况。

（3）用作图法和计算法确定精馏塔部分回流时理论板数，并计算出全塔效率。

二、实验原理

蒸馏技术原理是利用液体混合物中各组分的挥发度不同而达到分离目的。此项技术现已广泛应用于石油、化工、食品加工及其他领域，其主要目的是将混合液进行分离。根据料液分离的难易、分离的纯度，此项技术又可分为一般蒸馏、普通精馏及特殊精馏等。本实验是针对乙醇-水系统做的普通精馏验证性实验。

根据纯验证性(非开发型)实验要求，本实验只做全回流和某一回流比下的部分回流两种情况下的实验。

1. 乙醇-水系统特征

乙醇-水系统的平衡数据见表1。乙醇-水系统的 x-y 图及 t-$x(y)$ 图见图1。乙醇-水系统属于非理想溶液，具有较大正偏差。最低恒沸点为78.15℃，恒沸组成为0.894(摩尔)。

表1　乙醇-水系统平衡数据

序号	t	x	y
1	100.0	0.00	0.00
2	95.50	1.90	17.00
3	89.00	7.21	38.91
4	86.70	9.66	43.75
5	85.30	12.38	47.04
6	84.10	16.61	50.89
7	82.70	23.37	54.45
8	82.30	26.08	55.80
9	81.50	32.73	58.26
10	80.70	39.65	61.22
11	79.80	50.79	65.64
12	79.70	51.98	65.99
13	79.30	57.32	68.41
14	78.74	67.63	73.85
15	78.41	74.72	78.15
16	78.15	89.43	89.43

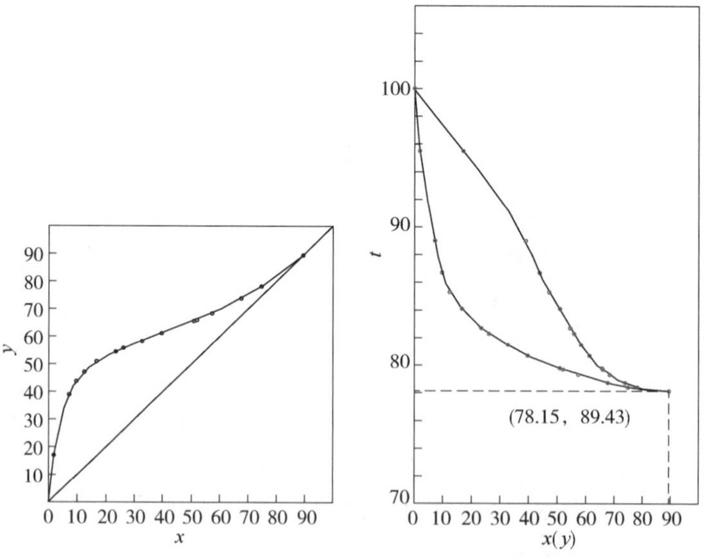

图1　乙醇-水系统的 x-y 图及 t-$x(y)$ 图

结论：(1)普通精馏塔顶组成 $x_D<0.894$，若要获得高纯度酒需采用其他特殊精馏方法；

(2)为非理想体系，平衡曲线不能用 $y=f(\alpha, x)$ 来描述，只能用原平衡数据。

2. 全回流操作

乙醇–水系统理论板图解见图2。

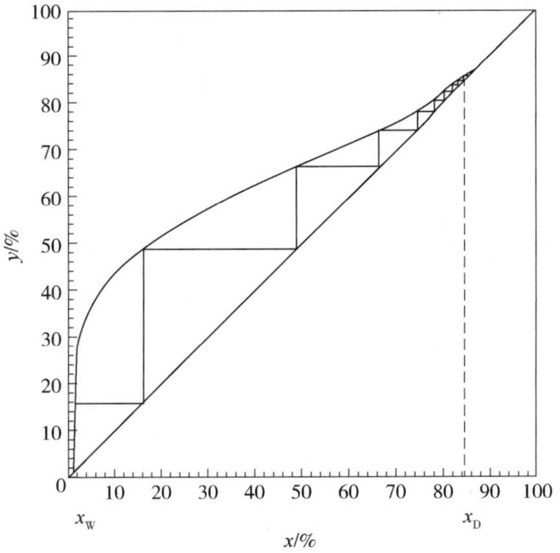

图2　乙醇–水系统理论板图解

特征：

(1) 塔与外界无物料流(不进料，无产品)；

(2) 操作线 $y=x$(每板间上升的气相组成=下降的液相组成)；

(3) x_D-x_W 最大化(也即理论板数最小化)。

在实际工业生产中应用于设备的开停车阶段，使系统运行尽快达到稳定。

3. 部分回流操作

可以测出以下数据：温度(℃)：t_D、t_F、t_W；

组成(mol/mol)：x_D、x_F、x_W；

流量(L/h)：F、D、L(塔顶回流量)；

回流比 R：$R=L/D$。

精馏段操作线：$y=\dfrac{R}{R+1}x+\dfrac{x_D}{R+1}$

进料热状况 q：

根据 x_F 在 $t-x(y)$ 相图中可分别查出露点温度 t_V 和泡点温度 t_L。

$$q=\frac{H_V-H_F}{H_V-H_L}=\frac{1\text{kmol 原料变成饱和蒸汽所需的热量}}{\text{原料的摩尔汽化热}} \quad (1)$$

H_V：在 x_F 组成、露点温度 t_V 下，饱和蒸汽的焓；

$$H_V=x_F \cdot H_A+(1-x_F) \cdot H_B=x_F \cdot [c_{pA}(t_V-0)+l_A]+(1-x_F) \cdot [c_{pB}(t_V-0)+l_B] \quad (2)$$

式中　c_{pA}、c_{pB}——乙醇和水在定性温度 $t=(t_V+0)/2$ 下的比热容，kJ/(kmol·K)；

l_A、l_B——乙醇和水在露点温度 t_V 下的汽化潜热，kJ/kmol。

H_L：在 x_F 组成、泡点温度 t_L 下，饱和液体的焓；

$$H_L = x_F \cdot H_A + (1-x_F) \cdot H_B = x_F \cdot [c_{pA}(t_L - 0)] + (1-x_F) \cdot [c_{pB}(t_L - 0)] \tag{3}$$

式中　c_{pA}、c_{pB}——乙醇和水在定性温度 $t=(t_L+0)/2$ 下的比热容，kJ/(kmol·K)。

H_F：在 x_F 组成、实际进料温度 t_F 下，原料实际的焓；

根据实验的进料是常温下(冷液)进料，$t_F<t_L$，则

$$H_F = x_F \cdot H_A + (1-x_F) \cdot H_B = x_F \cdot [c_{pA}(t_F - 0)] + (1-x_F) \cdot [c_{pB}(t_F - 0)] \tag{4}$$

式中　c_{pA}、c_{pB}——乙醇和水在定性温度 $t=(t_F+0)/2$ 下的比热容，kJ/(kmol·K)。

q 线方程：

$$y_q = \frac{q}{q-1}x_q - \frac{x_F}{q-1} \tag{5}$$

d 点坐标：根据精馏段操作线方程和 q 线方程可解得其交点坐标(x_d，y_d)。

提馏段操作线方程：

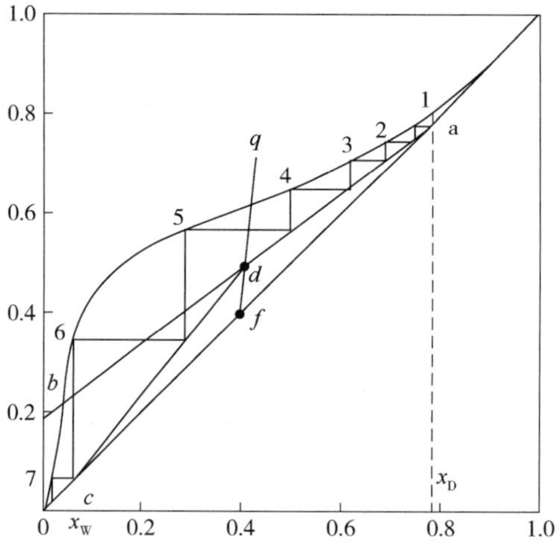

图 3　塔体操作线

根据(x_W，y_W)(x_d，y_d)两点坐标，利用两点式可求得提馏段操作线方程。

根据以上计算结果，作出相图。

根据作图法或逐板计算法可算出部分回流下的理论板数 $N_{理论}$。

根据以上求得的全回流或部分回流的理论板数，从而可分别求得其全塔效率 E_T：

$$E_T = \frac{N_{理论} - 1}{N_{实际}} \times 100\% \tag{6}$$

三、装置介绍

1. 流程说明

筛板精馏实验流程见图 4。

进料：进料泵从原料罐内抽出原料液，经过进料转子流量计后由塔体中间进料口进入塔体。

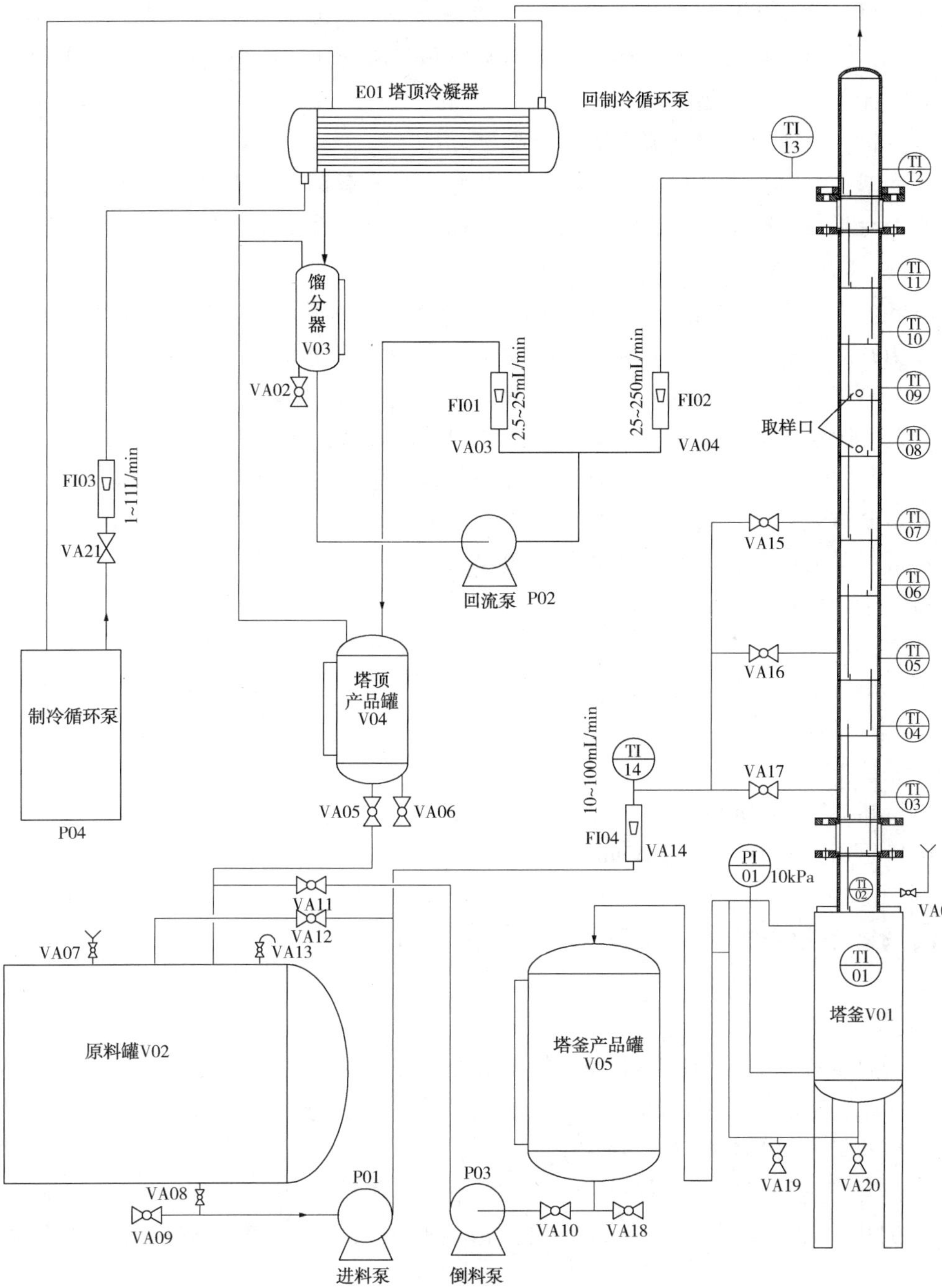

图 4　筛板精馏实验流程

阀门：VA01—塔釜加料阀；VA02—馏分器取样阀；VA03—塔顶采出流量调节阀；VA04—塔顶回流流量调节阀；VA05—塔顶产品罐放料阀；VA06—塔顶产品罐取样阀；VA07—原料罐加料阀；VA08—原料罐放料阀；VA09—原料罐取样阀；VA10—塔釜产品罐出料阀；VA11—塔釜产品倒料阀；VA12—原料罐循环搅拌阀；VA13—原料罐放空阀；VA14—进料流量调节阀；VA15—塔体进料阀 1；VA16—塔体进料阀 2；VA17—塔体进料阀 3；VA18—塔釜产品罐取样阀；VA19—塔釜取样阀；VA20—塔釜放净阀；VA21—冷却水流量调节阀。

温度：TI01—塔釜温度；TI02—塔身下段温度 1；TI03—进料段温度 1；TI04—塔身下段温度 2；TI05—进料段温度 2；TI06—塔身中段温度；TI07—进料段温度 3；TI08—塔身上段温度 1；TI09—塔身上段温度 2；TI10—塔身上段温度 3；TI11—塔身上段温度 4；TI12—塔顶温度；TI13—回流温度；TI14—进料温度。

压力：PI01—塔釜压力。

流量：FI01—塔顶采出流量计；FI02—回流流量计；FI03—冷却水流量计；FI04—进料流量计。

塔顶出料：塔内蒸汽上升至冷凝器，蒸汽走壳程，冷却水走管程，蒸汽冷凝成液体，流入馏分器，经回流泵后分为两路，一路经回流转子流量计回流至塔内，另一路经塔顶采出转子流量计流入塔顶产品罐。

塔釜出料：塔釜液经溢流流入塔釜产品罐。

循环冷却水：冷却水来自制冷循环泵，经冷却水流量调节阀 VA21 控制，转子流量计计量，流入冷凝器，冷却水走管程，蒸汽走壳程，热交换后冷却水循环返回制冷循环泵。

2. 设备仪表参数

精馏塔：塔内径 D=68mm，塔内采用筛板及圆形降液管，共有 12 块板，普通段塔板间距 HT=100mm，进料段塔板间距 HT=150mm，视盅段塔板间距 HT=70mm。

筛板：筛板开孔 d=2. 8mm，筛孔数 N=40，开孔率 9. 44%。

进料泵、回流泵：蠕动泵，蠕动泵通过控制转速调节，运行时增加背压阀可保证后端流量计示数稳定，一般过程中进料泵建议开 30~40r/min，回流泵建议开 80r/min，然后根据实际需要调节流量计示数。

倒料泵：磁力泵，流量为 7L/min，扬程为 4m。

进料流量计：10~100mL/min。

回流流量计：25~250mL/min。

塔顶采出流量计：2. 5~25mL/min。

冷却水流量计：1~11L/min。

总加热功率：4. 5kW。

压力传感器：0~10kPa。

温度传感器：Pt100，直径 3mm。

四、操作步骤（以乙醇-水体系为例）

1. 开车

（1）开启装置总电源、控制电源，打开触控一体机。

（2）在原料罐配好进料液约 30%（体）的乙醇水溶液，分析出实际浓度，同时开启进料泵和循环搅拌阀 VA12 使原料混合均匀。

（3）打开塔釜加料阀，在塔釜加入 20%~30%（体）的原料乙醇水溶液，釜液位要高于塔釜电加热同时低于塔釜出料口。（塔釜液位必须高于电加热，防止电加热干烧而损坏）

（4）启动制冷循环泵，设置制冷循环温度为 5℃左右，打开冷却水流量调节阀 VA21 至最大，流量约 7L/min。

（5）点击监控界面“塔釜加热器”（压力控温模式），点击“上电”，设置压力设定值为 0. 7kPa（参考值），点击“自动模式”，点击“运行”，点击“上电”，压力报警上限设为 1~1. 5kPa 左右，启动塔釜加热器，塔釜液沸腾后，观察馏分器 V03 中有液体出现。

（6）当馏分器 V03 液位上升至中部时，启动回流泵，调节蠕动泵转速，微调塔顶回流流量调节阀 VA04，使回流流量与冷凝量保持一致，进行全回流操作。回流流量的确定可根据馏分器液位高度变化来确定。

2. 进料稳定阶段

(1) 当塔顶有回流后，维持塔釜压力 0.6~0.7kPa。

(2) 全回流操作稳定一定时间后，打开进料泵，调节蠕动泵转速在 30~40r/min，调节转子流量计旋钮使进料流量稳定在 60mL/min。

(3) 维持塔顶温度、塔底温度、馏分器液位不变后操作才算稳定。

3. 部分回流

(1) 调节塔顶采出流量调节阀 VA03 进行部分回流操作，一般情况下回流比控制 $R=L/D=4\sim8$ 范围(可根据自己情况来定)。

(2) 待塔顶、塔釜温度稳定后，分别读取塔顶、塔釜、进料的温度，取样检测酒度，记录相关数据。

注意：乙醇-水体系可通过酒度比重计测得乙醇浓度，操作简单快捷，但精度较低，若要实现高精度的测量，可利用气相色谱进行浓度分析。

4. 非正常操作(选做)

(1) 回流比过小(塔顶采出量过大)引起的塔顶产品浓度降低。

(2) 进料量过大，引起降液管液泛。

(3) 塔釜压力过低，容易引起塔板漏液。

(4) 塔釜压力过高，容易引起塔板过量雾沫夹带甚至液泛。

5. 停车

实验结束时，点击监控界面"进料泵"按钮，点击"停止"。关闭进料流量计 FI04、进料流量调节阀 VA14，点击"塔釜加热器"按钮，点击"停止压力调节模式"，点击"断电"，停止塔釜加热器，参照软件操作说明部分。关闭塔顶采出流量计 FI01、塔顶采出流量调节阀 VA03，维持全回流状态约 5min 后，点击监控界面"回流泵"按钮，然后点击"停止"，关闭回流流量计 FI02 及塔顶回流流量调节阀 VA04。待视盅内塔板上无气液时，在制冷循环泵操作面板上关闭电源，点击监控界面"制冷泵"按钮，停止制冷循环泵 P04，关闭冷却水流量计 FI03 及冷却循环水流量调节阀 VA21。关闭全部阀门点击"退出系统"，触控一体机关机；关闭控制电源，关闭总电源。

五、注意事项

(1) 每组实验前应观察塔釜液位是否合适，液位过低或无液，电加热会烧坏。因为电加热是湿式，液体必须掩埋住电加热管才能启动电加热，否则，会烧坏电加热。

(2) 长期不用时，应将设备内水放净。在冬季室内温度达到冰点时，设备内严禁存水。

(3) 严禁学生打开电柜，以免触电。

(4) 制冷循环泵应在加热前打开，保证实验开始后有足够的冷源循环冷却。

六、数据处理

1. 记录有关实验数据

表 2 为部分回流测定样品酒度时，温度 t、酒度 V_t、20℃时酒度 V_{20}及组成 x 数据记录

表，表 3 为部分回流时色谱检测数据记录表，表 4 为乙醇和水在常压下的比热容 c_p 与温度关系。用逐板计算法和作图法求得理论板数，完成表 2 和表 3。

表 2　温度 t、酒度 V_t、20℃酒度 V_{20} 及组成 x 数据记录表

塔顶产品				进料				塔釜产品			
t	V_t	V_{20}	x_D	t	V_t	V_{20}	x_F	t	V_t	V_{20}	x_W

表 3　部分回流时色谱检测数据记录表

进料温度	进料浓度/x_F			塔顶温度	塔顶浓度/x_D			塔底温度	塔底浓度/x_W			回流比

表 4　乙醇和水在常压下的比热容 C_p 与温度关系　　kJ/(kg·K)

温度/℃	乙醇的比热容 c_p	水的比热容 c_p	温度/℃	乙醇的比热容 c_p	水的比热容 c_p
0	2.265	4.216	60	2.784	4.183
10	2.332	4.191	70	2.904	4.187
20	2.403	4.183	80	3.023	4.195
30	2.483	4.178	90		4.204
40	2.575	4.178	100		4.212
50	2.680	4.178			

2. 数据计算示例

以下以色谱检测所得数据(表 5)为例进行理论板数及全塔效率计算。

表 5　部分回流时色谱检测数据示例

进料温度	塔顶温度	塔底温度	进料浓度/x_F	塔顶浓度/x_D	塔底浓度/x_W	回流比
30.3	78.1	97.1	0.0805	0.7833	0.005645	10

(1) 进料热状况 q。

根据 x_F 在 t-$x(y)$ 相图中可分别查出露点温度 t_V 和泡点温度 t_L。

以上进料状态下 $t_V=88.03$℃；$t_L=97.44$℃。

对表 1 乙醇比热容数据拟合后，当前进料状态下 $c_{pA}=0.1144$kJ/(mol·K)，$c_{pB}=0.07529$kJ/(mol·K)。

查表得乙醇和水常压下的汽化潜热：$l_A=38.916$kJ/mol；$l_B=40.644$kJ/mol，分别代入式(2)、式(3)和式(4)得：

$$H_V=0.0805\times(0.1144\times88.03+38.916)+(1-0.0805)\times(0.07529\times97.44+40.644)=87.2029$$

$$H_L=0.0805\times(0.1144\times88.03)+(1-0.0805)\times(0.07529\times88.03)=6.9051$$

$$H_F=0.0805\times(0.1144\times30.3)+(1-0.0805)\times(0.07529\times30.3)=2.3767$$

$$q=\frac{H_V-H_F}{H_V-H_L}=\frac{87.2029-2.3767}{87.2029-6.9051}=1.056$$

(2) 精馏段操作线方程：

$$y=\frac{R}{R+1}x+\frac{x_D}{R+1}$$

代入数据得：$y=0.9091x+0.0712$。

（3）q 线方程：$y=18.8571x-1.4375$。

（4）提馏段操作线方程：$y=1.8107x-0.0046$。

（5）由以上操作线方程采用绘图法得理论塔板数 $N_{理论}=7$，附图(图 5)如下：

则全塔效率

$$E_T=\frac{N_{理论}-1}{N_{实际}}\times100\%=50\%$$

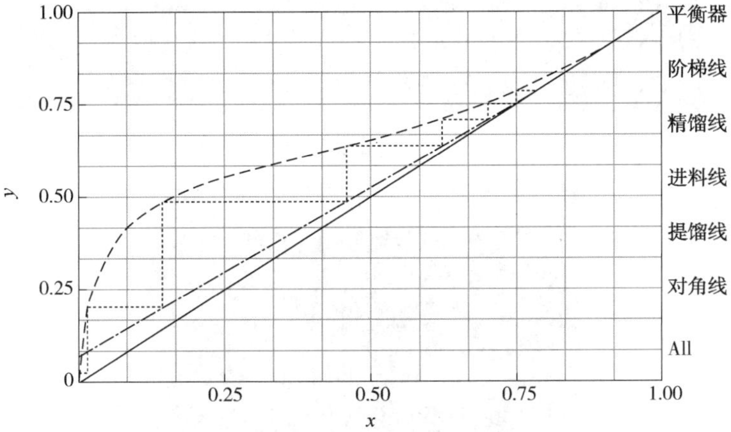

图 5　乙醇–水体系的 x–y 图

七、软件操作说明

（1）开始实验时，首先双击“力控软件”图标启动软件，软件启动后自动进入装置自检，待自检完成后界面如图 6 所示。

图 6　自检完成后界面

（2）点击“进入”按钮，进入如图 7 所示的界面，此界面目前默认就是“单机版”，直接点击“确认”按钮进入软件操作界面。

（3）实验开始前，首先打开制冷循环泵面板电源，然后点击监控界面“制冷泵”，然后弹出如图 8 所示的图框。

图 7　软件操作界面

图 8　“制冷”图框

图框中点击“启动”按钮启动制冷循环泵，然后在制冷循环泵面板上设置制冷循环泵 P04 制冷循环温度为 5℃，开启制冷循环泵 P04 循环功能及制冷功能，最后在装置上调节制冷流量计流量。

（4）实验开始后点击“塔釜加热器”，弹出如图 9 所示图框。

图框中提供“手动”和“自动”两种电加热控制方式，其中手动操作时为功率控制模式，只需输入加热百分比即可；自动操作模式为压力控制模式，需要输入压力设定值，如 0.7kPa；因此此界面要先点选两种模式“手动”或“自动”的其中一种，然后进行参数设定，设定完成后，在图框最下边点击“启动”按钮，电加热开始加热。

（5）实验全回流开始后，需要启动回流泵，点击软件界面“回流泵”然后弹出如图 10 所示图框。

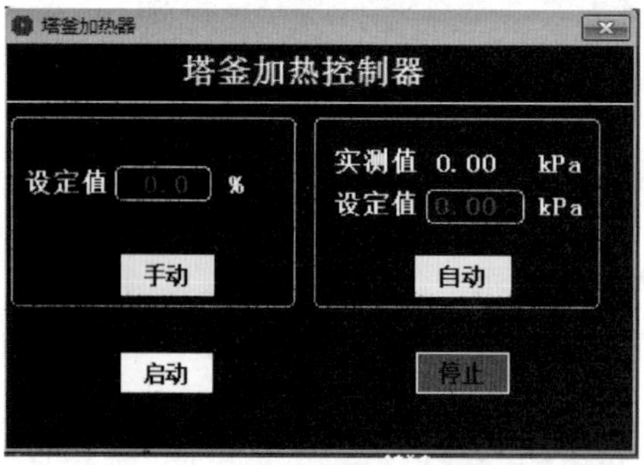

图 9　“塔釜加热器”图框

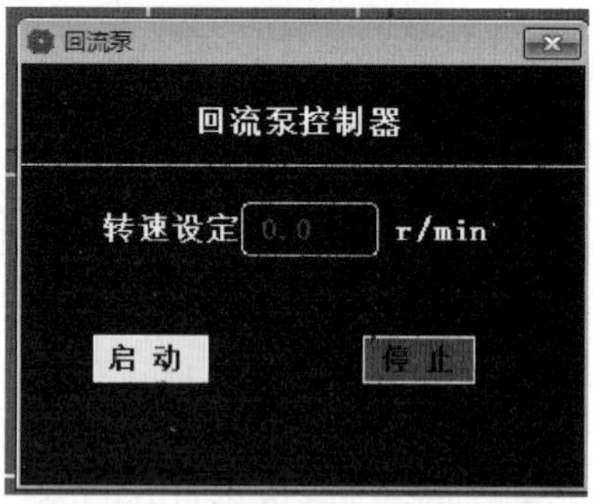

图 10　“回流泵”图框

图框中输入蠕动泵转速，然后点击“启动”按钮启动回流泵，根据实验需要调节回流流量计具体示数。

（6）连续操作过程需要进料时，点击软件界面“进料泵”然后弹出如图 11 所示图框。

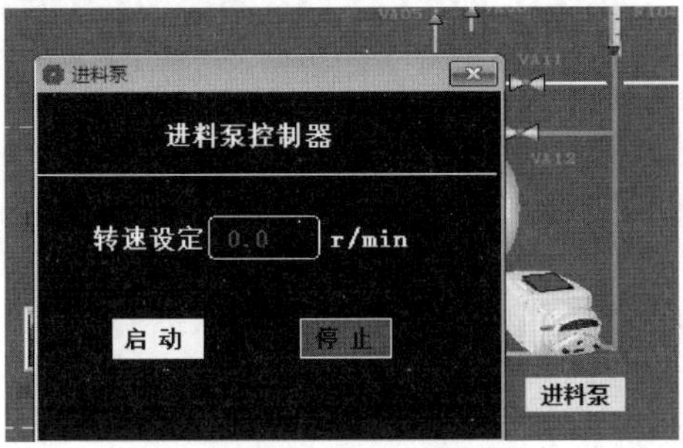

图 11 “进料泵”图框

图框中输入蠕动泵转速，然后点击“启动”按钮启动进料泵，根据实验需要调节进料流量计具体示数。

（7）导料泵是实验结束后导料用，需要用导料泵时，点击软件界面“导料泵”，在弹出的图框中点击“启动”按钮，导料泵即开始运行。

（8）实验结束后，分别点选“塔釜加热器”“回流泵”“进料泵”及“制冷泵”，在弹出的图框中分别点击“停止”按钮，关闭加热器和泵，最后点击软件界面右上角“退出系统”即可关闭操作软件，然后一体机关机，关闭设备“控制电源”“总电源”。

八、思考题

问题一：在实验中观察到筛板上存在一定高度的液层，且液层随气速变化而波动：

（1）液层高度对气液两相传质效率有何影响？

（2）如果实验中液层高度过低（如气速过大导致液层被吹穿），会对塔顶乙醇浓度产生什么影响？

问题二：实验时记录到塔釜温度高于塔顶温度：

（1）为什么温度沿塔高逐渐降低？试从水-乙醇的沸点差异和组成变化角度解释。

（2）若塔顶温度在某一时刻突然上升，可能是什么操作失误导致的？（提示：结合塔顶产物组成变化思考）

问题三：假设实验中使用的原料乙醇浓度分别为 20%（质）和 40%（质）：

（1）哪种原料更容易获得高纯度塔顶产品？为什么？

（2）若工厂需要处理不同浓度的乙醇废水，如何根据原料浓度调整精馏塔操作条件？（如加热功率、回流比等）

实验十三　制冷压缩机性能测试实验

一、实验目的

(1) 加深了解制冷循环系统的组成。
(2) 学习测定制冷性能的方法。
(3) 通过实际测定和制冷机运行以及参数计算，分析影响制冷性能的因素。

二、实验原理

本实验装置采用液体载冷剂循环法来测定制冷量，对中、小型单级压缩机来说采用液体载冷剂循环法测定制冷量比较简单有效。如图 1 所示，由压缩机排出的制冷剂循环蒸汽，进入冷凝器并全部冷凝为液体进入储液罐。从储液罐出来的制冷剂液体在过冷后，经节流阀与毛细管减压后进入蒸发器。蒸发器中有液体载冷剂。汽化后的制冷剂蒸气由蒸发器出来，被压缩机吸入，完成制冷循环。

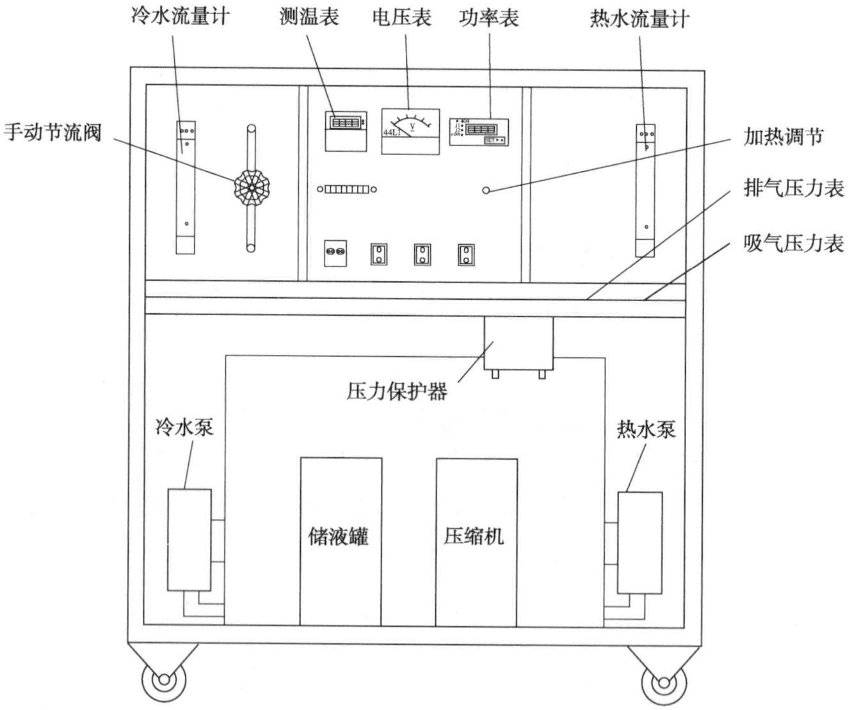

图 1　制冷压缩机性能测定实验装置

实验系统的载冷剂采用清水。液体制冷剂进入蒸发器的流量，可用手动节流阀调节。供给蒸发器的热量可以通过液体流量计来测定。

压缩机排气压力是通过改变冷凝器冷却水量，或冷却水温度来调节的。吸气压力通过供给蒸发器的液体载冷剂的流量或温度来调节，压缩机的吸气温度通过供给蒸发器的制冷剂量来调节。载冷剂离开蒸发器时的温度应比相应的蒸发温度高5℃以上，载冷剂进出蒸发器的温度为5~8℃。实验时，每隔20~30min测定记录一次。直到连续四次载冷剂的进出温度变化≤±0.5℃为止。

三、实验装置

实验台由封闭式压缩机、冷凝器、蒸发器、储液罐、节流阀、电加热器、冷水泵、热水泵、冷水流量计、热水流量计、排气压力表、吸气压力表、数显功率表、测温显示仪表、测温热偶、供水箱等组成制冷小系统(如图1所示)。

四、实验步骤

1. 实验装备

详细了解实验系统各部分的作用，掌握制冷系统的操作规程和制冷工况的调节方法，熟悉各测试仪表的使用方法。

2. 实验操作

(1) 将水箱中注满冷水。接通电源后，开启冷水泵和热水泵，检查水泵运转是否正常，调整冷水(冷却水)流量在160L/h，热水(载冷剂)流量在40L/h。

(2) 打开吸气阀、排气阀、储液罐阀门，启动制冷压缩机，开节流阀到1/8至1/4圈，观察排气压力表的排气压力在0.6~1.2MPa，吸气压力表的吸气压力在0.02~0.3MPa，观察并按动测温按键，右旋调温旋钮，并观察电压表指示，调整电压使蒸发器进口水温稳定在某一温度值，这一温度值宜高于环境温度5℃(作为一个实验工况点)。

(3) 当压缩机运行正常后，各点温度将逐步趋于稳定，这时可依次按下测温表测温按键，观测各温度点温度值。

(4) 等各点温度稳定后，将数据进行记录，该工况点实验结束。

(5) 改变热水箱加热电压，使热水温度上升，稳定后再对温度、电流、电压等数据进行记录。其他工况点的温差可选择5℃。一般可作3个工况点结束。

(6) 记录数据：吸气温度，排气温度，过冷温度，蒸发器和冷凝器进出水温度，压缩机工作电压、电流。

(7) 实验完成后，停止电热水箱加热，关闭吸气阀门，等压力继电器动作，压缩机自停，关闭压缩机开关，闭紧节流阀，关排气阀，继续让水泵循环5min后断电。

五、整理实验数据

1. 压缩机制冷量

取三次读数的平均值作为计算数据。

$$Q_0 = Q_1 \cdot \frac{h_1 - h_7}{h_1' - h_6'} \cdot \frac{v_1'}{v_1} \tag{1}$$

$$Q_1 = G_z \cdot c_p (t_1 - t_2) \tag{2}$$

式中 Q_0——蒸发器换热量，kW；

Q_1——制冷剂在蒸发器中吸收的热量，kW；

G_z——载冷剂(水)的流量，kg/s；

c_p——载冷剂(水)的恒压比热容，kJ/(kg·℃)；

h_1——在规定的吸气温度、吸气压力下制冷剂蒸气的焓值，kJ/kg；

h_7——在规定的过冷温度、节流阀前液体制冷剂的焓值，kJ/kg；

h_1'——在实验条件下，离开蒸发器的制冷剂蒸气的焓值，kJ/kg；

h_6'——在实验条件下，节流阀前液体制冷剂的焓值，kJ/kg；

v_1'——在压缩机实际吸气温度、吸气压力下制冷剂蒸气的比容，m^3/kg；

v_1——在压缩机规定吸气温度、吸气压力下制冷剂蒸气的比容，m^3/kg；

$t_1 - t_2$——制冷剂进出蒸发器的温度差，℃。

2. 压缩机轴功率

$$N = I \cdot U \cdot \eta \times 10^{-3} = W \cdot \eta \times 10^{-3} \tag{3}$$

式中 I——封闭压缩机的输入电流，A；

U——封闭压缩机的输入电压，V；

W——压缩机输入功率，kW；

η——压缩机的效率，一般取0.8~0.9。

3. 制冷系数

$$\varepsilon = \frac{Q_0}{N} \tag{4}$$

4. 热平衡误差

$$\Delta = \frac{Q_0 - (Q_2 - N)}{Q_0} \times 100\% \tag{5}$$

式中 Q_2——冷凝器换热量，kW。

$$Q_2 = G_L \cdot c_p (T_1 - T_2) \tag{6}$$

式中 G_L——冷凝器水流量，kg/s；

T_1、T_2——冷凝器水的进出口温度，℃；

c_p——水的比定压热容，kJ/(kg·℃)。

六、实验注意事项

(1) 实验过程中要注意安全，不能在实验场地嬉戏和随便触摸电源等，以免跌落水池或发生触电事故而造成人身伤害；实验中要注意安全(包括水、电等)。

(2) 实验台在某些工况点运行时将偏离标准工况点过多，因此不宜长时间运行，否则将造成压缩机损害。

(3) 在寒冷季节，实验台运行完毕后，应将系统中所有水放净。

(4) 实验前应认真预习、准备，在实验过程中虚心向老师和同学学习，积极动手，认真而细心操作，圆满完成实验任务。

七、思考题

(1) 通过实验对制冷装置的认识，试叙述制冷装置的主要设备组成。其工作原理是什么？

(2) 实验装置中冷凝器为什么也要保温？

(3) 分析实验结果，指出影响制冷机性能的因素。

实验十四　鼓泡塔反应器气含率测定实验

一、实验目的

（1）了解鼓泡床内的流体力学特性及系统的传热、传质特性，加强对反应工程中三传一反的理解。

（2）掌握压差法测气含率的原理及方法。

二、实验原理

气含率是表征气液鼓泡反应器流体力学特性的基本参数之一。它直接影响反应器内气液接触面积，从而影响传质速率与宏观反应速率，是气液鼓泡反应器的重要设计参数。测定气含率的方法很多，静压法是较精确的一种，基本原理由反应器内伯努力方程而来，可测定各段平均气含率，也可测定某一水平位置的局部气含率。

气含率可以通过差压传感器来测量，根据差压传感器连接方法的不同，所测量的范围不同，可分为双引脚法和单引脚法。

双引脚法测量气含率，是指压差传感器两端均连接在液位以下，测量的是鼓泡时床层两引脚间的气含率。单引脚法是指，差压传感器的一端连接在被测点(液位以下)，另一端和塔顶相连，测量的是被测点和塔底之间的气含率。两种方法的连接方式如图 1、图 2 所示。

本实验使用的是单引脚法测压差，差压传感器与反应器的连接方法如图 2A 所示。

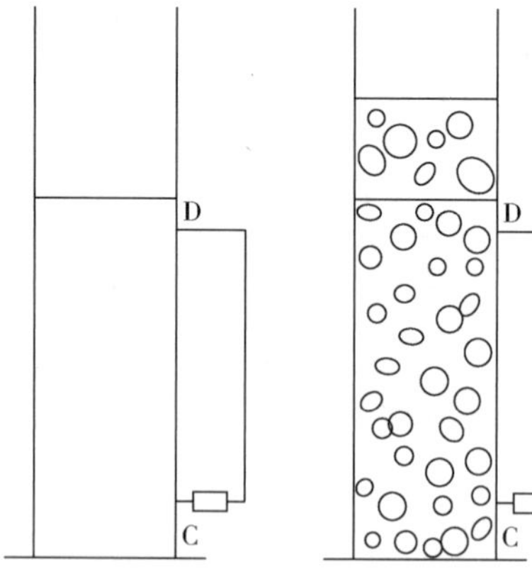

图 1　双引脚法连接方式

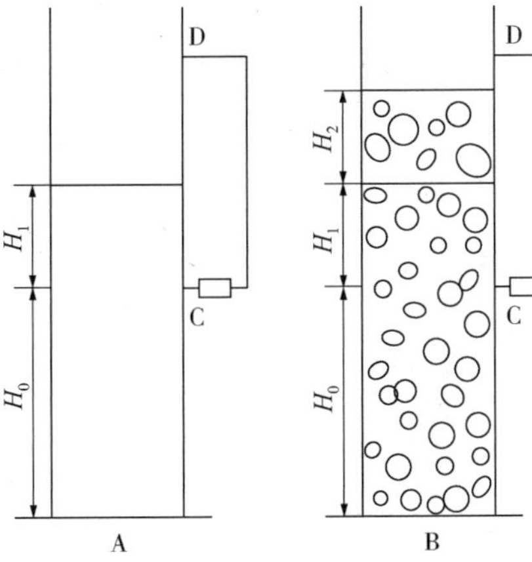

图 2　单引脚法连接方式

根据伯努利方程有

$$\varepsilon_G = 1 + \left(\frac{g_c}{\rho_L g}\right)\left(\frac{dp}{dH}\right) \tag{1}$$

采用 U 形压差计测量时，两测压点平均气含率为

$$\varepsilon_G = \frac{\Delta h}{H} \tag{2}$$

采用压力传感器时，两测压点间的平均气含率为

$$\varepsilon_G = \frac{\Delta p}{\rho g H} \tag{3}$$

式中　H——两测压点间的高度，本实验中 $H=0.3$m。

当气液鼓泡反应器空塔气速改变时，气含率 ε_G 会做相应变化，一般有如下关系：

$$\varepsilon_G \propto u_G^n \tag{4}$$

n 取决于流动状况。对安静鼓泡流，n 值在 0.7～1.2 之间；在湍动鼓泡流或过渡流区，u_G 影响较小，n 为 0.4~0.7 范围内。

假设

$$\varepsilon_G = k u_G^n \tag{5}$$

则

$$\lg\varepsilon_G = \lg k + n\lg u_G \tag{6}$$

根据不同气速下的气含率数据，以 $\lg\varepsilon_G$ 对 $n\lg u_G$ 作图标绘，或用最小二乘法进行数据拟合，即可得到关系式中参数 k 和 n 值。

三、流程及设备的主要技术数据

装置流程示意如图 3 所示，鼓泡塔参数如下：塔高 1.2m，反应器直径为 0.16m，采压点间距 0.3m，塔底设有气体分布器，反应器用有机玻璃管加工，便于观察。气体由鼓风机经转子流量计后进入塔底，在塔内以气泡形式上升从塔顶排出，气体流量通过旁路阀和流量调节阀来控制，反应器侧面沿轴向开有一排小孔与 U 形管压差计和压力传感器相连，用于测量压差。压力可以通过 U 形玻璃管读数，数字仪表上同步显示，同时也可以通过工作站在线采集数据。

实验过程中采集三个压力点的压力数据，计算三点之间轴向上两段高度内的平均气含率，最后计算两段塔高的平均气含率并回归公式。

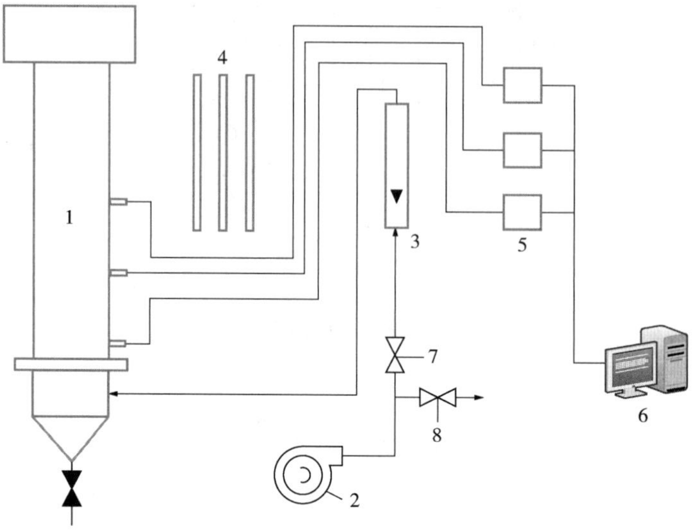

图3　装置流程示意

1—鼓泡塔；2—鼓风机；3—转子流量计；4—压差计；5—压力传感器；6—工作站；7—流量调节阀；8—旁路阀

四、实验内容和操作步骤

（1）系统接上电源，打开总开关，开启水泵后将清水加入反应器床层内，至一定高度(比最上面采压点稍高处)。

（2）检查一下压力表读数是否为0，如果不为0则记下，作为系统误差，之后的压力表读数要将系统误差去除；检查U形管内是否有气泡，如果有气泡则排出。

（3）启动鼓风机，并通过旁路阀和流量调节阀调节进气量。

（4）观察床层内气液两相流动状态。

（5）等待压力表读数稳定后记录各进气量下的压力表读数和U形管读数。

（6）改变气体流量，重复上述操作(可以做6~10个条件)。

（7）记录下压力读数后按实验所给公式计算气含率。

（8）回归公式参数。

实验完毕后，关闭鼓风机、设备电源，并将塔内水排出。

五、实验数据记录与处理

（1）按照表1所示记录数据并计算气含率，绘制气含率和表观气速的变化曲线(两条曲线画一张图上)。

表 1　鼓泡塔反应器气含率测定实验数据记录表

序号	气体流量/(m^3/h)	表观气速/(m/s)	U 形管读数			压力表读数			气含率		平均气含率
			上	中	下	上	中	下	上	下	
1											
2											
3											
4											
5											
6											
7											
8											
9											
10											
11											
12											

(2) 根据表观气速和平均气含率数据，回归 $\varepsilon_G = ku_G^n$ 公式的参数 k 和 n。

六、思考题

(1) 什么是气含率，影响气含率的因素有哪些？
(2) 开始实验之前为什么要记录压力表的数值？
(3) 塔内气含率的轴向变化情况是怎样的？为什么？

实验十五　二氧化碳临界现象及 p–V–T 关系测定实验

一、实验目的

（1）了解 CO_2 临界状态的观测方法，增加对临界状态概念的感性认识。

（2）掌握 CO_2 的 $p-V-T$ 关系的测定方法，学会用实际气体状态变化规律方法和技巧。

（3）学会活塞式压力计、恒温器等部分热工仪器的正确使用方法。

二、实验原理及设备

纯物质的临界点表示气液二相平衡共存的最高温度（T_C）和最高压力点（p_C）。纯物质所处的温度高于 T_C，则不存在液相；压力高于 p_C，则不存在气相；同时高于 T_C 和 p_C，则为超临界区。本实验测量 $T<T_C$、$T=T_C$ 和 $T>T_C$ 三种温度条件下的等温线。其中 $T<T_C$ 等温线，为一光滑曲线；$T=T_C$ 等温线，在临界压力附近有一水平拐点，并出现气液不分现象；$T<T_C$ 等温线，分为三段，中间一水平段为气液共存区。当纯流体处于平衡态时，其状态参数 p、V 和 T 存在以下关系：

$$F(p,\ V,\ T)=0 \text{ 或 } V=f(p,\ T)$$

根据相律，纯流体在单相区，自由度为 2，当温度一定时，体积随压力而变化；在二相区，自由度为 1，温度一定时，压力一定，仅体积发生变化。本实验就是利用定温的方法测定 CO_2 的 p 和 V 之间的关系，获得 CO_2 的 $p-V-T$ 数据。

（1）实验装置由试验台本体、压力台和恒温浴组成，如图 1 所示。

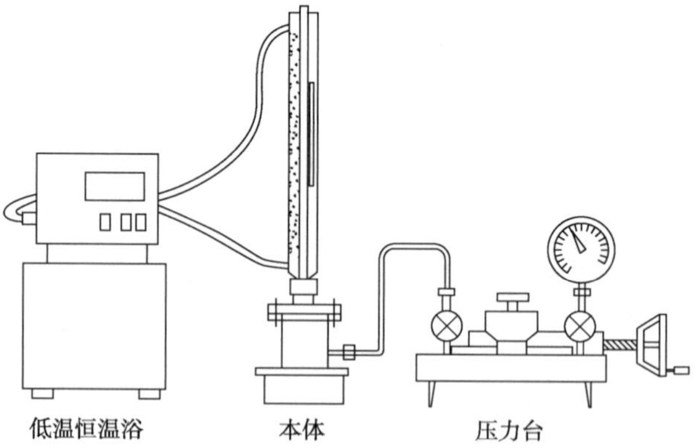

图 1　CO_2 的 p–V–T 关系实验装置

（2）试验台本体如图 2 所示。

（3）对简单可压热力系统，当工质处于平衡状态时，其状态参数 p、V、T 之间有：

$$F(p, V, T)=0$$

或 $$T=f(p, V) \tag{1}$$

本试验就是根据式（1），采用定温方法来测定 CO_2的 p-V 关系。从而找出 CO_2的 p-V-T 关系。

（4）实验中由压力台送来的压力油进入高压容器和玻璃杯上半部，迫使水银进入预先装了 CO_2的承压玻璃管。CO_2被压缩，其压力和容积通过压力台上活塞螺杆的进、退调节，温度由恒温器供给的水套里的水温来调节。

（5）实验工质二氧化碳的压力由装压力台的压力表读出（如要提高精度可由加在活塞转盘上的砝码读出，并考虑水银柱高度的修正）。温度由插在恒温水套中的温度计读出。比容首先由承压玻璃管内的二氧化碳柱的高度来度量，而后根据承压玻璃管内径均匀、截面积不变等条件换算得出。

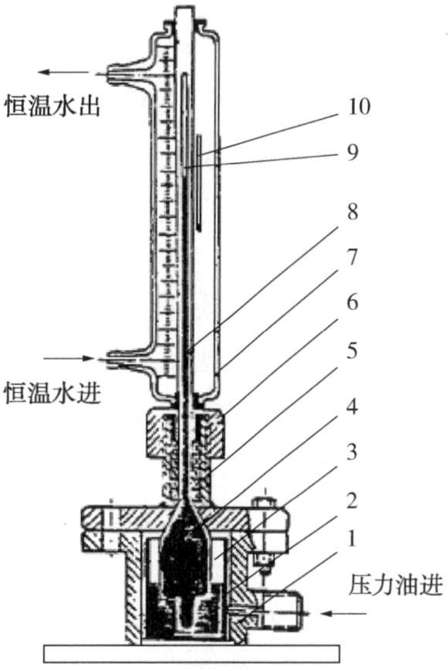

图 2　试验台本体

1—高压容器；2—玻璃杯；3—压力油；4—水银；5—密封填料；6—填料压盖；7—恒温水套；8—承压玻璃管；9—CO_2空间；10—温度计

三、实验步骤

（1）按图 1 组装好试验设备。

（2）接通恒温浴电源，调节恒温水到所要求的实验温度（以恒温水套内精密温度计为准）。

（3）加压前的准备——抽油充油操作。

① 关闭压力表下部阀门和进入本体油路的阀门，开启压力台上油杯的进油阀。

② 摇退压力台上的活塞螺杆，直至螺杆全部退出。此时压力台上油筒中抽满了油。

③ 先关闭油杯的进油阀，然后开启压力表下部阀门和进入本体油路的阀门。

④ 摇进活塞杆，使本体充油。直至压力表上有压力读数显示，承压玻璃（毛细）管下部出现水银为止。

⑤ 如活塞杆已摇进到头，压力表上还无压力读数显示，承压玻璃（毛细）管下部未出现水银，则重复①~④步骤。

⑥ 再次检查油杯的进油阀是否关闭，压力表及其进入本体油路的两个阀门是否开启。温度是否达到所要求的实验温度。如条件均已调定，则可进行实验测定。

（4）测定承压玻璃管内 CO_2 的质面比常数 K 值。

由于承压玻璃管内的 CO_2 质量不便测量，承压玻璃管内径（截面积）不易测准。本实验用间接方法确定 CO_2 的比容。假定承压玻璃管内径均匀一致，CO_2 比容和高度成正比。具体方法如下：

① 由文献，纯 CO_2 液体在 25℃，7.8MPa 时，比容 $v=0.00124\text{m}^3/\text{kg}$；

② 实验测定本装置在 25℃，7.8MPa（表压大约为 7.7MPa）时，CO_2 柱高度为

$$\Delta h_0 = h' - h_0 \tag{2}$$

式中　h_0——承压玻璃管内径顶端的刻度(酌情扣除尖部长度)；

h'——25℃，7.8MPa 下水银柱上端液面刻度。

③ 25℃，7.8MPa 下比容

$$v = \frac{\Delta h_0 \cdot A}{m} = 0.00124\mathrm{m}^3/\mathrm{kg} \tag{3}$$

式中　m——CO_2 质量，kg；

A——承压玻璃管截面积，m^2；

h——测量温度压力下水银柱上端液面刻度，m。

质面比常数

$$K = \frac{m}{A} = \frac{\Delta h_0}{0.00124} \tag{4}$$

又如 Δh 为测量温度压力下 CO_2 柱高度，则此温度压力下 CO_2 比容

$$v = \frac{h - h_0}{m/A} = \frac{\Delta h}{K} \tag{5}$$

(5) 测定低于临界温度下的等温线(t=20℃或25℃)。

① 将恒温水套温度调至 t=20℃或25℃，并保持恒定。

② 逐渐增加压力，压力为4.0MPa 左右(承压玻璃管下部出现水银面)开始读取相应水银柱上端液面刻度，记录第一个数据点。读取数据前，一定要有足够的平衡时间，保证温度、压力和水银柱高度恒定。

③ 提高压力约0.3MPa，达到平衡时，读取相应水银柱上端液面刻度，记录第二个数据点。注意，加压时，应缓慢地摇进活塞杆，以保证定温条件，水银柱高度应稳定在一定数值，不发生波动时，再读数。

④ 按压力间隔0.3MPa 左右，逐次提高压力，测量第三、第四……数据点，当出现第一小滴 CO_2 液体时，则适当降低压力，平衡一段时间，使 CO_2 温度和压力恒定，以准确读出恰好出现第一小滴 CO_2 液体时的压力。

⑤ 注意此阶段，压力改变后 CO_2 状态的变化，特别是测准出现第一小滴 CO_2 液体时的压力和相应水银柱高度及最后一个 CO_2 小气泡刚消失时的压力和相应水银柱高度。此两点压力改变应很小，要交替进行升压和降压操作，压力应按出现第一小滴 CO_2 液体和最后一个 CO_2 小气泡刚消失的具体条件进行调整。

⑥ 当 CO_2 全部液化后，继续按压力间隔0.3MPa 左右升压，直到压力达到8.0MPa 为止(承压玻璃管最大压力应小于8.0MPa)。

(6) 测定临界等温线和临界参数，观察临界现象。

① 将恒温水套温度调至 t=31.1℃，按上述(5)的方法和步骤测出临界等温线，注意在曲线的拐点(p=7.376MPa)附近，应缓慢调整压力(调压间隔可为0.05MPa)，以较准确地确定临界压力和临界比容，较准确地描绘出临界等温线上的拐点。

② 观察临界现象。

a. 临界乳光现象：保持临界温度不变，摇进活塞杆使压力升至 p_C 附近处，然后突然摇退活塞杆(注意勿使试验台本体晃动)降压，在此瞬间玻璃管内将出现圆锥形乳白色的闪光现象，这就是临界乳光现象。这是由 CO_2 分子受重力场作用沿高度分布不均和光的散射

造成的。可以反复观察这个现象。

b. 整体相变现象：临界点附近时，汽化热接近于0，饱和蒸汽线与饱和液体线接近合于一点。此时气液的相互转变不像临界温度以下那样逐渐积累，需要一定的时间，表现为一个渐变过程；而是当压力稍有变化时，气液以突变的形式相互转化。

c. 气液两相模糊不清现象：处于临界点附近的 CO_2 具有共同的参数(p, V, T)，不能区别此时 CO_2 是气态还是液态。如果说它是气体，这气体是接近液态的气体；如果说它是液体，这液体又是接近气态的液体。下面用实验证明这个结论。因为此时是处于临界温度附近，如果按等温过程，使 CO_2 压缩或膨胀，则管内什么也看不到。现在，按绝热过程进行，先调节压力处于7.4MPa(临界压力)附近，突然降压(由于压力很快下降，承压玻璃管内的 CO_2 未能与外界进行充分的热交换，其温度下降)，CO_2 状态点不是沿等温线，而是沿绝热线降到两相区，管内 CO_2 出现了明显的液面。这就是说，如果这时管内 CO_2 是气体的话，这种气体离液相区很近，是接近液态的气体；当膨胀之后，突然压缩 CO_2 时，液面又立即消失了。这时 CO_2 液体离气相区也很近，是接近气态的液体。这时 CO_2 既接近气态，又接近液态，所以只能是处于临界点附近。临界状态流体是一种气液不分的流体。这就是临界点附近气液两相模糊不清现象。

(7) 测定高于临界温度的等温线(t=40℃)。

将恒温水套温度调至 t=40℃，按上述(5)相同的方法和步骤进行。

四、实验原始记录与处理

(1) 设备数据记录：仪器、仪表的名称、型号、规格、量程、精度。

(2) 常规数据记录：室温、大气压、实验环境情况等。

(3) 定承压玻璃管内 CO_2 的质面比常数 K 值。

表1 CO_2 等温实验原始记录表

t=25℃				t=31.1℃				t=40℃			
p/MPa	Δh	$v=\Delta h/K$	现象	p/MPa	Δh	$v=\Delta h/K$	现象	p/MPa	Δh	$v=\Delta h/K$	现象
4.41											
4.90											
9.80											
做出各条等温线所需时间											
min				min				min			

(4) 绘制等温曲线与比较。

① 按表1的数据仿图3绘出 p-v 图上三条等温线。

② 将实验测得的等温线与图3所示的标准等温线比较，并分析其中的差异及原因。

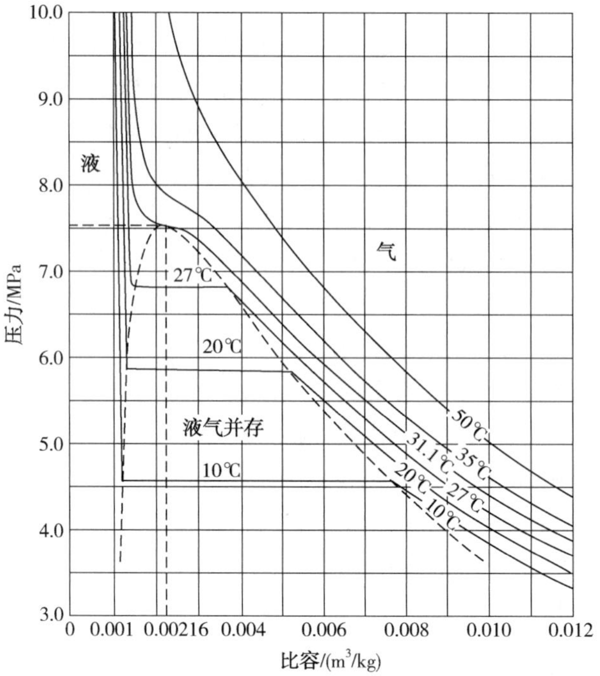

图 3　标准等温线

五、实验报告

（1）简述实验原理及过程。

（2）各种数据的原始记录。

（3）实验结果整理后的图表。

（4）分析比较等温曲线的实验值与标准值之间的差异及其原因。分析比较临近比容的实验值与标准值及理论计算值之间的差异及原因。

六、注意事项

（1）实验压力不能超过 8.0MPa，实验温度不能高于 40℃。

（2）应缓慢摇进活塞螺杆，否则来不及平衡，难以保证恒温恒压条件。

（3）一般地，按压力间隔 0.3MPa 左右升压。但在将要出现液相，存在气液两相和气相将完全消失以及接近临界点的情况下，升压间隔要很小，升压速度要缓慢。严格地讲，温度一定时，在气液两相同时存在的情况下，压力应保持不变。

（4）准确测出 25℃，7.8MPa 时 CO_2 液柱高度 Δh_0。准确测出 25℃下出现第一个小液滴时的压力和体积（高度）及最后一个小气泡将消失时的压力和体积（高度）。

（5）压力表读得的数据是表压，数据处理时应按绝对压力（表压+大气压）。

七、思考题

（1）在临界点附近观察到 CO_2 的临界乳光现象，试解释其产生的原因，并说明为何只有在临界状态附近才会出现这一现象？

（2）CO_2 的临界温度（31.1℃）和临界压力（7.376MPa）在工程中有何应用价值（例如超临界流体技术）？

实验十六　生物质电催化氧化联产绿氢综合实验

一、实验目的

（1）深入理解生物质电催化氧化与绿氢制备的协同原理及反应机制，熟悉相关电化学过程在能源转化领域的应用。

（2）掌握电催化实验装置的搭建、操作与维护，能够准确测定和分析电化学性能参数。

（3）学会制备生物质电催化氧化及析氢反应（HER）的电极材料，掌握高效液相色谱分析方法及电化学分析方法。

（4）培养综合运用化学工程与工艺知识解决复杂能源化学问题的能力，增强团队协作与科研实践素养。

二、实验原理

生物质电催化氧化原理：生物质（如葡萄糖、糠醛等小分子有机物）在阳极催化剂作用下，发生失电子的氧化反应。以糠醛为例，其分子中醛基等活性官能团在电场驱动下，电子通过外电路流向阴极，自身被氧化逐步转化为相应羧酸等更高氧化态产物，涉及 C—H、C═O 等化学键断裂与重排，过程遵循电化学氧化动力学规律，电极电位、电解质性质等因素显著影响反应速率与选择性。

析氢反应（HER）原理：在阴极，水分子（或质子源，如酸性电解质中的 H^+）在催化剂表面接受电子发生还原反应生成氢气，按 Volmer-Heyrovsky 或 Volmer-Tafel 机理进行。在 Volmer 步骤，质子吸附形成吸附氢原子（H^*），后续 Heyrovsky 步骤是吸附氢原子与质子、电子结合成氢气，或 Tafel 步骤中两个吸附氢原子复合成氢气，合适的阴极催化剂可降低反应活化能，提高析氢效率。

联产绿氢协同机制：整个体系利用阳极生物质氧化，阴极水还原析氢，实现电能-化学能转化与物质协同转化，过程契合电化学热力学与动力学平衡要求，优化电极材料、电解液组成、反应温度等条件可提升联产综合效益。

以糠醛电催化氧化为例：

糠醛为无色或浅黄色油状液体，有特殊的苯甲醛气味，暴露于空气和光中易变成黄棕色，并形成树脂样，能随水蒸气挥发，极易溶于醇和醚，易溶于热水、丙酮，溶于苯、氯仿。糠醛可用作有机合成原料、工业溶剂，还可用于合成树脂、医药、农药、香料、橡胶、涂料等领域，也可作为分析试剂、鞣制面革等（图 1）。

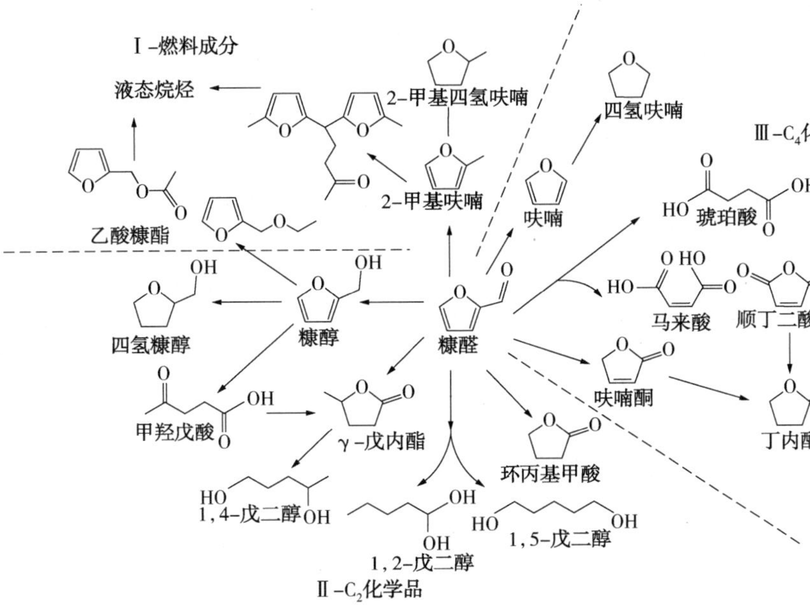

图 1　糠醛下游化学品

Co/Ni Foam 复合电极材料将 Co 的高活性与泡沫镍（Ni Foam）的优异导电性和多孔结构相结合，能够显著提升催化剂的性能，实现糠醛的电催化氧化联产绿氢，为绿色、高效的氢气生产提供新的思路和方法。Co 改性提供了泡沫镍载体的活性位点，同时提高了 Ni Foam 本身的导电性、固有活性和耐久性，高效地应用于电催化糠醛氧化制糠酸的反应，同时联产绿氢。

电催化糠醛氧化反应在 H 形电解池中进行，阴离子交换膜将阴、阳两极室隔开（图 2），其中，以 Co/Ni Foam 作为工作电极，Hg/HgO 为参比电极，石墨棒为对电极，电解液为 1mol/L KOH。线性扫描伏安法的扫描速率为 5mV/s、循环伏安法的扫描范围为 10~60mV/s。所有测量电位均根据公式 E（vs. RHE）= E（vs. Hg/HgO）+ $E^{\ominus}$（Hg/HgO）+ 0.0592pH 换算为可逆氢电极电势（RHE）。阳极反应、阴极反应和总电池反应总结如下：

阳极反应：$2R—CHO+4OH^- \longrightarrow 2R—COOH+4e^-+2H_2O$

阴极反应：$4H_2O+4e^- \longrightarrow 4OH^-+2H_2\uparrow$

总电池反应：$2R—CHO+2H_2O \longrightarrow 2R—COOH+2H_2\uparrow$

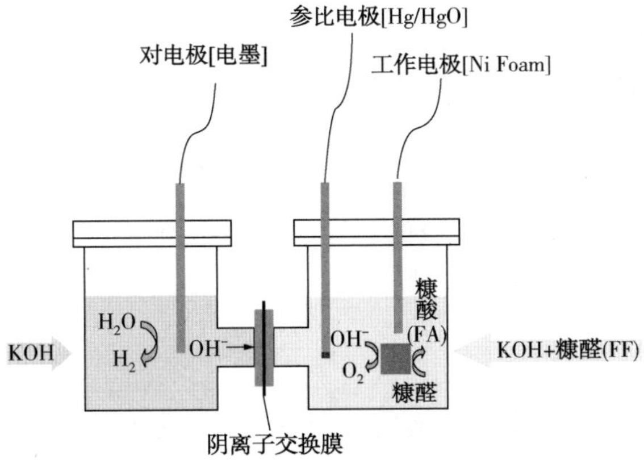

图 2　H 形电解池电催化糠醛氧化联产绿氢示意

三、实验仪器与试剂

1. 仪器设备

(1) 电化学工作站(具备恒电位、恒电流、循环伏安等多种测试功能),用于电化学性能测试与分析。

(2) 三电极体系 H 形电解池(含工作电极、对电极、参比电极,材质依实验需求定,如玻璃、有机玻璃等),构建电化学反应环境。

(3) 高效液相色谱仪(紫外可见检测器)。

2. 实验试剂

(1) 生物质原料(糠醛、葡萄糖、纤维素等可选其一或按比例混合),作为阳极反应底物,分析纯级别,纯度≥98%。

(2) 阳极催化剂前体(如 Pd、Au、Ni、Co 等贵金属或过渡金属氧化物,用于生物质氧化催化),依研究目标灵活调配。

(3) 电解质(常见硫酸、氢氧化钾等,依反应酸碱环境需求选择),分析纯,浓度依实验优化。

(4) 导电炭黑、黏结剂(如聚四氟乙烯乳液、Nafion 溶液等),辅助电极材料制备,增强导电性与稳定性。

(5) 无水乙醇、去离子水,用于清洗、分散电极材料及配制溶液,纯度满足分析纯与实验室一级水标准。

四、实验步骤

1. 阳极材料制备

(1) 泡沫镍前处理。

选择厚度为 0.2mm 的商业泡沫镍作为阳极电氧化糠醛的催化剂,将裁剪好的泡沫镍(1cm×2cm)置于 2mol/L 盐酸(HCl)中超声洗涤 10min 后用去离子水超声洗涤 15min,去除残留在泡沫镍表面的盐酸和其他可溶性杂质。

(2) 水热法制备催化剂。

称取 0.024g $Co(NO_3)_2 \cdot 6H_2O$ 和 0.1g 的尿素置于干净的烧杯中,加入 6mL 甲醇和 24mL 去离子水,搅拌 10min 至溶解后,倒入聚四氟乙烯内衬的高压反应釜中,并将处理好的泡沫镍斜靠在其中,于 105℃反应 6h。结束后,将反应釜冷却至室温,取出泡沫镍并用去离子水洗涤 3 次,60℃下烘干后置于马弗炉中以 3℃/min 的升温速率升温至 250℃,焙烧 3h 后得到 Co/Ni Foam 催化剂。

2. 电催化氧化实验

(1) 搭建装置。

搭建 H 形电解池,使用阴离子交换膜将两室隔开,阳极为 1mol/L KOH+10mol/L FF,阴极为 1mol/L KOH;所制备催化剂作为工作电极,Hg/HgO 为参比电极,石墨棒为对电极;确保电极接触良好、位置固定,避免短路或松动。

(2) 电化学性能测试。

循环伏安法(CV)测试：打开电化学工作站，连接好电解池电极线路，在软件界面设定扫描参数，电压范围 0.5~1.5V(vs. RHE)，扫描速率 50mV/s，扫描圈数 5~10 圈，启动测试，记录生物质阳极氧化与阴极析氢的电流-电位曲线，分析氧化还原峰位置、峰电流等特征，初步评估反应活性与可逆性。

恒电位电解测试：设置阳极电位为特定值(依生物质与催化剂优化得，如 1.0V vs. RHE)，电解时间 2~4h，定时记录电流变化，阳极氧化产物取样，并用高效液相色谱等分析成分与转化率，分析电催化氧化联产绿氢长期稳定性与效率。

3. 阳极氧化产物分析

使用取样针从电解池中取出 0.5mL 反应液，转移至 25mL 容量瓶，甲醇定容后，过滤、检测。高效液相色谱法(HPLC)：紫外-可见检测器，检测波长为 220nm，C18 色谱柱。流动相为甲醇和 5mmol/L 甲酸铵水溶液，体积比 3∶7，流速 0.6mL/min。根据已知浓度的标准化合物的校准曲线，计算糠醛和糠酸的转化率及收率。

五、数据处理

(1) 电化学实验数据处理：从循环伏安曲线读取氧化峰电流(I_{pa})、还原峰电流(I_{pc})，依公式计算峰电流比(I_{pa}/I_{pc})评估反应可逆性；对恒电位电解电流-时间曲线积分求电量(Q)，结合法拉第定律计算生物质转化电量消耗与氢气理论产量(对比实际产量得产率)，公式为 $n_{H_2}=\frac{Q}{2F}$(n_{H_2}为氢气物质的量，F 为法拉第常数)。

(2) 生物质氧化产物分析：根据 HPLC 检测结果，计算反应物转化率及产物收率。公式为：

反应物转化率=(初始浓度-检测浓度)/初始浓度×100%；

产物收率=产物浓度/反应物初始浓度×100%。

生物质电催化氧化联产绿氢综合实验数据记入表 1。

表 1　生物质电催化氧化联产绿氢综合实验数据记录表

电压值/V				
取样时间/h	反应物浓度/(mol/L)	产物浓度/(mol/L)	转化率/%	收率/%
0.5				
1.0				
1.5				
2.0				
2.5				
3.0				

六、注意事项

(1) 实验涉及强酸碱电解质与有毒金属盐试剂，操作全程佩戴防护手套、护目镜，在通风橱内称取、配制溶液，防腐蚀、中毒。

（2）电化学工作站使用严格按操作规程，避免误操作损坏仪器；电极安装轻拿轻放，防碰撞损坏电极表面涂层影响性能。

（3）电极材料制备中化学还原等步骤反应剧烈，控制试剂添加速率与反应温度；烘干环节注意控温，防止黏结剂碳化、材料开裂变形。

（4）生成的氢气易燃易爆，收集与检测在通风良好且远离明火、热源处进行，电解池定期检查密封性，防氢气泄漏。

七、思考题

（1）可再生的生物质资源可用于制备哪些高值化学品？

（2）电化学催化转化与传统热化学转化相比，有何优缺点？

（3）该实验的影响因素主要有哪些？如何提高生物质电催化转化效率？

实验十七　CO_2催化加氢制甲醇综合实验

一、实验目的

（1）剖析CO_2加氢制甲醇反应的热力学特性，明确温度、压力等因素对反应平衡及产物分布的影响。

（2）了解催化剂的制备及评价技术。

（3）了解CO_2高效转化利用对落实双碳、节能环保理念，提升资源利用效率、改善生态环境及促进可持续发展的重要意义。

二、实验原理

二氧化碳加氢制甲醇核心反应包含甲醇合成及逆水煤气变换反应。甲醇合成反应放热[$\Delta_r H^{\ominus}(298K)<0$]，依据勒夏特列原理，低温高压利于平衡右移、甲醇生成；而逆水煤气反应吸热[$\Delta_r H^{\ominus}(298K)>0$]，高温利于$CO_2$向CO转化。从热力学角度分析，压力、温度会对反应造成重要影响，常择高温（200~300℃）与高压（5~10MPa）区间，佐以铜基、锌基催化剂等降反应活化能、提速率与选择性，驱动反应高效进行，为CO_2资源化利用、甲醇清洁制备开辟路径，对缓解温室效应、推动能源转型意义深远。在实验中，将CO_2和H_2按照一定比例混合，然后通过催化剂床层反应。反应生成的甲醇和水可以通过分离和提纯得到纯净的甲醇产品。

CO_2加氢制甲醇的主要反应方程式及每个反应的相关热力学参数如下。

$$CO_2+3H_2 \longrightarrow CH_3OH+H_2 \tag{1}$$

$$\Delta_r H^{\ominus}(298K)=41.51kJ/mol$$

$$CO+2H_2 \longrightarrow CH_3OH \tag{2}$$

$$CO_2+H_2 \longrightarrow CO+H_2O \tag{3}$$

$$\Delta_r H^{\ominus}(298K)=41.19kJ/mol$$

二氧化碳和氢气比例是二氧化碳加氢制甲醇的关键要素。理论上，依化学计量反应，H_2与CO_2摩尔比为3∶1契合反应化学计量需求，为理想比例基准。但实际受催化剂特性、反应温度、压力及反应动力学制约，此比例需优化调整。部分研究显示，特定铜基催化剂于适度高压低温工况下，H_2与CO_2比（2.5~3.5）∶1时甲醇产率、选择性佳；高温时，因逆水煤气反应干扰，适当提升氢气比例可抑制副反应、增加甲醇产率，如（4~5）∶1。总之，确定比例需综合考量多元因素并经系列实验精准测定，为工业化生产精准锚定最优原料配比，提升甲醇合成效率与经济效益。

三、仪器与试剂

仪器：电子天平、烧杯、三口烧瓶、pH 计、抽滤瓶、水浴锅、烘箱、固定床反应装置。

试剂：$Cu(NO_3)_2 \cdot 3H_2O$、$Zn(NO_3)_2 \cdot 6H_2O$、$Al(NO_3)_3 \cdot 9H_2O$、Al_2O_3、Na_2CO_3、石英砂。

四、实验步骤

1. 催化剂制备

（1）共沉淀法。

采用并流共沉淀法合成 $Cu/ZnO/Al_2O_3$ 催化剂。将 Cu/Zn/Al 物质的量比为 9：9：2 的硝酸盐水合物溶于 100mL 去离子水中，配成总浓度为 1mol/L 的混合溶液 50mL。以 Na_2CO_3 为沉淀剂，配制成浓度为 1mol/L 的 Na_2CO_3 溶液。在三口烧瓶中加入 50mL 去离子水，在 70℃水浴搅拌的条件下，将上述两溶液同时滴入三口烧瓶中，沉淀过程中控制 pH 值为 7.0±0.2，沉淀完全后在搅拌状态下于 80℃老化 2h。抽滤后得到的沉淀物用去离子水洗涤五次，并在 110℃的烘箱中干燥过夜，随后将得到的样品在 350℃下煅烧 4h。

（2）等体积浸渍法。

① 测定催化剂吸水率：取一定质量 Al_2O_3 作为载体，称重并记为 m_1，添加过量去离子水浸泡 1h 后取出并沥干水分，用吸水纸去除表面游离水，记为 m_2，计算吸水率$[(m_2-m_1)/m_1\times100\%]$，因水的密度约等于 1g/mL，所以所得吸水率相当于单位质量催化剂可以吸收溶液的体积。

② 配制浸渍液：计算 5g Al_2O_3（$n_{Al}=0.098mol$）的饱和吸水体积，取 3.679g 硝酸铜（$n_{Cu}=0.0196mol$）与 3.715g 硝酸锌（$n_{Zn}=0.0196mol$）固体溶于等体积的去离子水中，配制浸渍液。

③ 浸渍：将浸渍液添加到 Al_2O_3 载体里搅拌均匀，室温条件下浸渍 24h。

④ 干燥：放置于 110℃烘箱烘干 12h。

⑤ 焙烧：以 2℃/min 的速率升至 350℃，然后恒温焙烧 4h。

2. 催化剂性能评价

催化剂的 CO_2 加氢制甲醇活性测试在微型固定床催化剂评价装置上进行。称取 1g 20~40 目的催化剂样品与 2g 20~40 目的石英砂均匀混合后置于反应管。热电偶固定在催化剂床层中央，反应评价前先将装填后的催化剂通入 H_2/Ar 混合气氛升温至 300℃还原 3h，然后切换至 Ar 气氛降温至 250℃，切换原料气 $H_2/CO_2=3:1$ 开始催化剂活性评价。评价条件：$W/F=10g\cdot h/mol$（W 为催化剂质量，g；F 为原料气流量，mol/h），$t=250℃$，$p=3.0MPa$，在线反应时间 TOS=48h。气相产物经冷凝处理后进入在线气相色谱采样分析，采样时间间隔为 2h。催化剂样品反应活性数据物料平衡以碳为基准计算，使用 Ar 作为内标气，通过内标法计算 CO_2 转化率和 CH_3OH 选择性及其产率。计算方法如下：

CO_2 转化率：
$$x_{CO_2}=\left(\frac{A_{CO_2}^{in}/A_{Ar}^{in}-A_{CO_2}^{out}/A_{Ar}^{out}}{A_{CO_2}^{in}/A_{Ar}^{in}}\right)\times100\% \tag{4}$$

CO 选择性：
$$S_{CO}=\frac{f_{CO}A_{CO}^{out}}{f_{CO_2}A_{CO_2}^{out}}\times\frac{1-x_{CO_2}}{x_{CO_2}} \tag{5}$$

甲醇选择性：
$$S_{CH_3OH}=1-S_{CO} \tag{6}$$

甲醇产率：
$$W_{CH_3OH}=x_{CO_2}\times S_{CH_3OH} \tag{7}$$

相对校正因子：
$$f_i=\frac{x_i \cdot A_{N_2}}{x_{N_2} \cdot A_i} \tag{8}$$

CO_2、CO 的相对校正因子通过一定组成的标气获取，甲醇的相对校正因子通过鼓泡法获取。式中，A_i 表示组分 i 的色谱峰面积，μV · s；x_i 为标气中各物质的摩尔分数。

五、数据处理

（1）数据记录与整理：系统记录实验全程数据，含催化剂制备各参数(原料质量、溶液浓度体积、反应温度值、时间等)、反应工况参数(温度、压力、原料气流量、在线时间)及气相色谱各峰面积数据等。依时间序列与实验阶段分类整理，自行设计数据记录表格。

（2）关键指标计算。

相对校正因子：依标气测定 CO_2、CO 校正因子

$$f_i=\frac{A_s\times n_i}{A_i\times n_s} \tag{9}$$

式中，A_s、A_i为标气中内标与目标物峰面积，n_s、n_i为摩尔数，多次测量取均值；鼓泡法测甲醇校正因子。

$$f_{CH_3OH}=\frac{m_{CH_3OH}\times A_s}{A_{CH_3OH}\times m_s} \tag{10}$$

式中，m_{CH_3OH}、m_s为质量，A_{CH_3OH}、A_s为峰面积，重复测定求均值。

$$X_{CO_2}=\frac{F_{CO_2,in}\times x_{CO_2,in}-F_{CO_2,out}\times x_{CO_2,out}}{F_{CO_2,in}\times x_{CO_2,in}}\times 100\% \tag{11}$$

$$S_{CO}=\frac{F_{CO,out}\times x_{CO,out}}{F_{CO_2,in}\times x_{CO_2,in}-F_{CO_2,out}\times x_{CO_2,out}}\times 100\% \tag{12}$$

$$S_{CH_3OH}=\frac{F_{CH_3OH,out}\times x_{CH_3OH,out}}{F_{CO_2,in}\times x_{CO_2,in}-F_{CO_2,out}\times x_{CO_2,out}}\times\frac{1}{n}\times 100\% \tag{13}$$

$$Y_{CH_3OH}=X_{CO_2}\times S_{CH_3OH}\times 100\% \tag{14}$$

分别计算CO_2转化率、CO 选择性、甲醇选择性与产率（F 为摩尔流量，x 为摩尔分数，n 为化学计量系数)，逐时逐次精确计算，作为剖析反应性能核心依据。

六、注意事项

1. 实验安全

(1)高压操作：熟悉固定床反应装置高压流程与安全规范，定期校验安全阀、压力表；反应前检查装置密封性，实验全程严守操作规程，严禁超压运行；配备紧急泄压装置与防

护装备，保障人员设备安全。

（2）气体使用：H_2具有易燃易爆性，CO_2有高浓度窒息风险。使用前检查气瓶、管道阀门密封性，在通风良好处操作，防泄漏积聚，依规处理废气，严禁火种靠近气体泄漏区。

2. 反应装置维护

实验前后清理三口烧瓶、反应管等，以防杂质残留影响反应；定期检修固定床装置部件(如加热元件、热电偶)，确保温度控制精准、物料流动顺畅；按手册维护气相色谱仪(如换载气、老化色谱柱)，确保分析性能稳定。

3. 实验操作要点

（1）催化剂制备：共沉淀法沉淀时匀速滴加溶液、精准控 pH 值，以防局部过浓不均；老化搅拌适度防止团聚；洗涤抽滤充分以除去杂质离子；干燥煅烧依规程升温降温，防止样品受损。等体积浸渍法测吸水率精准操作减误差；浸渍搅拌均匀、室温静置确保活性组分吸附平衡；干燥焙烧控温时程，优化催化剂性能。

（2）反应过程控制：原料气依比例准确混合，控流量稳反应工况；反应中监测温度压力波动，超阈值(如温度±5℃、压力±0.1MPa)立即调节，确保反应条件恒定；采样时依规范操作防止污染干扰，确保样品具有代表性以及分析准确。

七、思考题

（1）分析甲醇合成与逆水煤气反应平衡受温度、压力影响的微观机制及对反应体系的协同作用，如何通过催化剂设计与工艺优化协同调控二者平衡提升甲醇产率？

（2）对比共沉淀与等体积浸渍法制备的催化剂在结构、活性中心分布及性能上的差异根源，从晶体生长、活性组分-载体相互作用等层面剖析，如何依反应需求精准择法或改良方法提升催化剂性能？

（3）探讨实验条件下(如 H_2/CO_2比、温度、压力、W/F 值)各因素对CO_2转化率、甲醇选择性与产率的交互影响规律及数学模型构建，如何借响应面法、实验设计(DOE)等手段优化多因素协同提升反应效率？

实验十八　酰基化反应制2-乙酰呋喃及其产物分离综合实验

一、实验目的

(1) 了解从玉米芯等农副产物制备糠醛、呋喃、2-乙酰呋喃等高附加值化工产品的绿色工艺路线。

(2) 了解酰基化反应的反应原理，催化剂作用原理。设计实验对比评价两种以上催化剂的反应性能。

(3) 熟练使用气相色谱对产物进行定性定量分析。

(4) 掌握自组装实验装置模拟釜式反应和平推流反应进行乙酐和呋喃的酰基化反应，计算并设计平推流反应的停留时间，找出平推流反应的优化实验条件。

(5) 自组装减压蒸馏装置，初步分离反应产物、催化剂及副产物。懂得利用安托因方程计算压力与沸点之间的关系，优化蒸馏温度，减少因抽真空导致的损失。设计实验并进行验证。

(6) 采用减压蒸馏对乙酐、乙酸、2-乙酰呋喃与其副产聚合物进行减压分离。

二、实验原理

1. 绿色化学品路线

由农林废弃物例如玉米芯中的戊聚糖经水解和脱水生成糠醛，糠醛脱羰基可得到呋喃，再由呋喃制备2-乙酰呋喃。这是一条由可再生资源制备化工产品的绿色路径。

2. 呋喃和乙酐酰基化主要反应

呋喃和乙酐酰基化反应的主反应和副反应如下：

酰基化主反应：

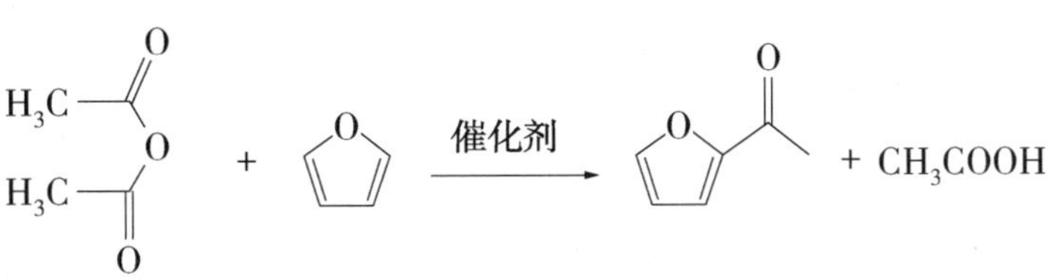

副反应：

(1) 乙酐的水解。

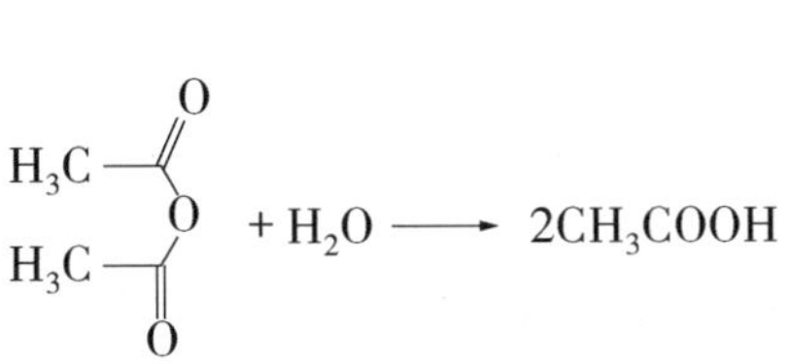

（2）2 个位置的酰基化反应。

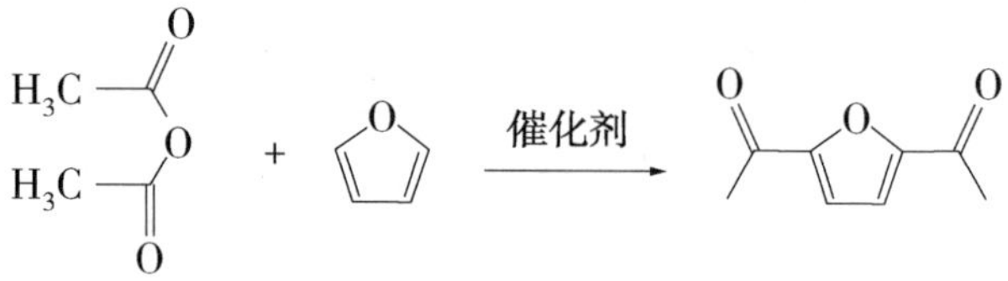

（3）聚合副反应。

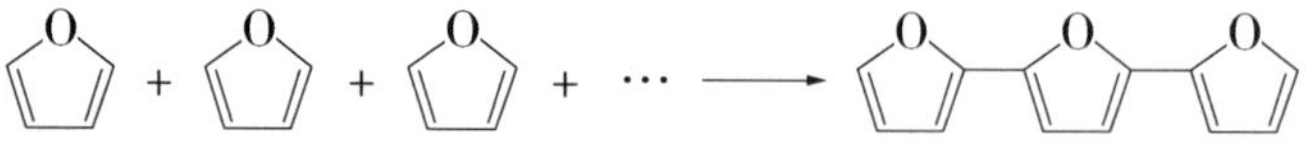

图 1 为呋喃和 2-乙酰呋喃的聚合物。

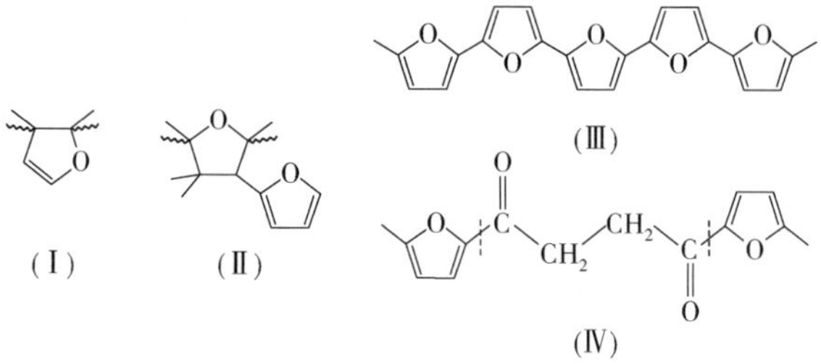

图 1　呋喃和 2-乙酰呋喃的聚合物

3. 酰基化反应

酰基化是指在有机分子中的氮、氧、碳或硫等原子上引入脂肪族酰基 RCO—或芳香族酰基 ArCO—的反应。常用的酰化剂有羧酸、酰氯、酸酐、羧酸酯、酰胺以及其他酰化试剂(如乙烯酮)。按酰化能力大小排序：酰卤>酸酐>羧酸酯>羧酸>酰胺。各种酰化试剂发生反应的机理是不同的，例如羧酸作为酰化试剂时，一般是按照 SN2(双分子亲核取代反应)历程进行的。酰氯是一种活泼的酰化试剂，酰化能力强，其所参与的酰化反应一般按照单分子历程进行。反应中有氯化氢生成，所以常加入碱性催化剂以中和反应中生成的氯化氢。酸酐是一个强的酰化试剂，其酰化反应一般按照 SN1(单分子亲核取代反应)历程进行，质子酸、Lewis 酸[路易斯酸又称亲电子试剂，指可以接受电子对的物质(包括离子、原子团或分子)]和吡啶类碱对酸酐均有催化作用，可使之释放出酰基正离子或使其亲电性增强。

亲核取代反应(Nucleophilic Substitution)指带有负电或弱负电的亲核体攻击(或撞击)并取代靶分子上带正电或部分正电荷的碳核的反应，包括 SN1 和 SN2。其中 S 代表取代(Substitution)，N 代表亲核(Nucleophilic)。在反应中，受试剂进攻的对象称为底物；亲核的进攻试剂称为亲核试剂(Nu)；在反应中离开的基团称为离去基团；与离去基团相连的碳原子称为中心碳原子；生成物称为产物。

SN1 反应的机理为，此类反应中，底物中的 C—X 键首先异裂为碳正离子和 X-，是较慢的一步，然后亲核试剂 Nu 立即与碳正离子结合，得到含 C—Nu 键的产物。因此该反应的速率控制步骤只和底物的浓度有关，称为单分子亲核取代反应。双分子亲核取代反应(SN2)是亲核取代反应的一类，2 代表反应的速控步涉及两种分子。SN2 反应中，亲核试剂带着一对孤对电子进攻具亲电性的缺电子中心原子，形成过渡态的同时，离去基团离去。反应中不生成碳正离子，速率控制步骤是上述的协同步骤，反应速率与两种物质的浓度成正比，因此称为双分子亲核取代反应。SN1 和 SN2 只是亲核取代反应的两个比较极端的机理，属于理想情况。在如离子对等因素的影响下，实际中的反应都会或多或少地兼具这两者机理的成分，有些甚至难以归类。至于反应按哪种机理进行的成分多一些，与具体的反应物结构、类型、溶剂、浓度、温度、亲核试剂、离去基团等因素都有很密切的关系。

4. 酰基化反应催化剂

目前工业上用到的2-乙酰呋喃合成催化剂是磷酸和 $ZnCl_2$，两者的催化活性都不是很高，反应需要5h，因此反应都在釜式反应器中进行，不能实现连续性生产。氯化铝是强路易斯酸，可和路易斯碱作用产生化合物。在水中，氯化铝会部分水解，形成氯化氢气体或 H_3O^+。$SbCl_5$ 有剧毒。$SbCl_5$ 在有少量水存在下形成一水合物和四水合物；有大量水时则引起水解生成五氧化二锑，并产生腐蚀性氯化氢气体；高热分解为有毒氯化物和含锑化合物烟雾。这两者都不适合作为呋喃与乙酐的酰基化反应催化剂。寻找适合催化该反应的催化剂是技术替代的核心。

5. 减压蒸馏和减压精馏

安托因(Antoine)方程是一个最简单的三参数，用来描述纯液体饱和蒸气压和温度之间关系的方程。它是由工程经验总结而得到的，其一般形式为：

$$\lg p = A - B/(t+C) \tag{1}$$

式中，A、B、C 为物性常数，不同物质对应于不同的 A、B、C 的值，该方程适用于大多数化合物。反应体系中三种物质的安托因常数见表1。由安托因方程计算的不同真空度下三种物质的沸点见表2。

表1　安托因常数

名称	A	B	C
乙酸	4. 68206	1642. 54	-39. 764
乙酐	4. 24655	1427. 77	-75. 1132
2-乙酰呋喃	14. 2381	-3477. 45	-84. 7206

表2　不同真空度下的沸点

参数	呋喃	乙酸	乙酐	2-乙酰呋喃
常压沸点/℃	31. 55	118	138. 85	172. 85
1. 3kPa(0. 013bar)沸点/℃		16	34. 7	67. 05
10kPa(0. 1bar)沸点/℃		55. 7	74. 1	85

由表2可知，欲将2-乙酰呋喃蒸馏出来，蒸馏温度不得低于85℃。

三、实验装置、仪器和药品

1. 釜式反应实验装置

釜式反应实验装置见图2。三口瓶中有磁力搅拌子，使用油浴对反应进行加热。带针头的橡胶塞处可取样分析，中间是冷凝回流，恒压漏斗用于将低沸点的呋喃原料缓慢滴入反应体系中。

2. 平推流反应实验装置

平推流反应器由蠕动泵、盘管、恒温水浴、冷凝器等构成。平推流反应实验装置见图3。最右边是蠕动泵，将反应原料打入浸泡于恒温油浴的盘管之中。反应器即是浸泡于油浴当中的盘管。反应产物经冷凝管冷凝后被接收。

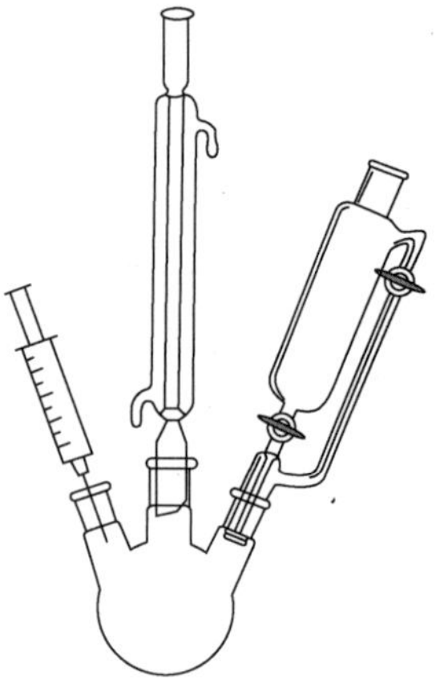

图 2　釜式反应实验装置

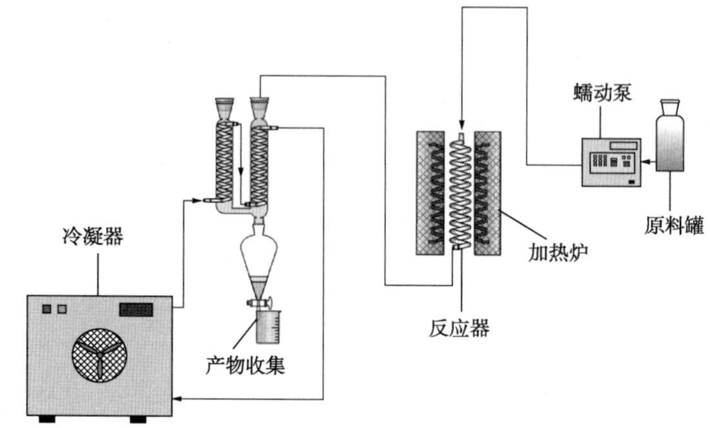

图 3　平推流反应实验装置

3. 2-乙酰呋喃初馏——减压蒸馏实验装置

乙酐与呋喃进行酰基化反应后，不可避免会产生呋喃之间，呋喃与2-乙酰呋喃之间，2-乙酰呋喃之间的聚合物。因此工艺流程的下一步是将液体(产物和未反应的原料)和固体(副产物和催化剂)进行分离。由于副产物是非常黏稠的胶体状物，不可能通过过滤进行固液分离。2-乙酰呋喃的沸点高达173℃，因此减压蒸馏进行分离是最合适的方式(图4为减压蒸馏装置)。考虑到2-乙酰呋喃的沸点较高，使用普通蒸馏支管，2-乙酰呋喃到支管出露在空气中容易冷凝，2-乙酰呋喃不容易蒸馏出来。因此设计了图5所示的蒸馏支管。套层中通入90℃的水浴。

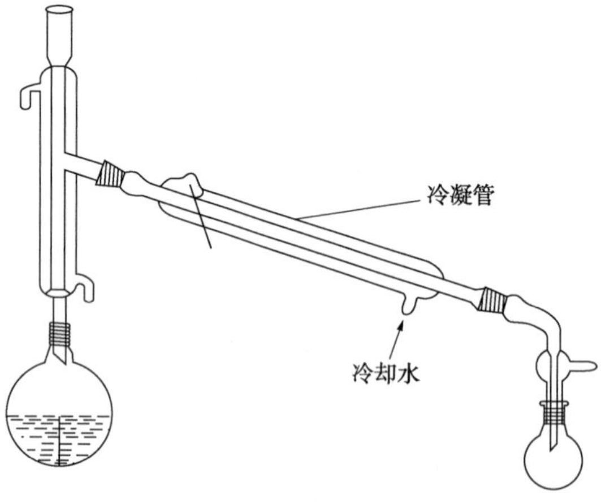

图 4　减压蒸馏装置

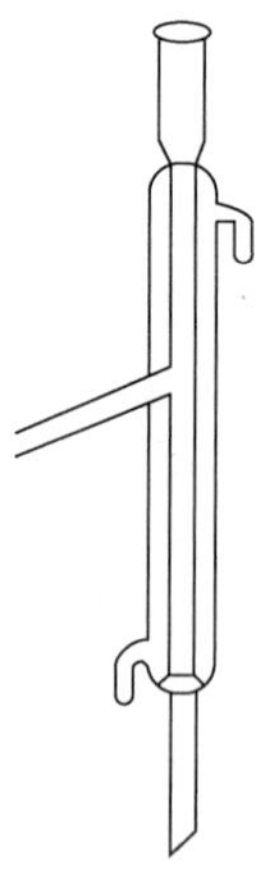

图 5　蒸馏支管

4. 气相色谱

反应产物的定性和定量分析在气相色谱上进行。使用的色谱柱为 CP7747 30mm×0. 5mm×0. 32mm，FID 检测器，进样器温度 280℃，检测器温度 280℃，采用程序升温，50℃停留 10min，以 20℃/min 的速度升温到 220℃，保持 5min。

5. 试剂

试剂包括呋喃、乙酐、乙酸、2-乙酰呋喃、$ZnCl_2$、$CuCl_2$、$CoCl_3$、磷酸、焦磷酸、羟基乙叉二膦酸、$NbOPO_4$、ZSM-5，4-二甲氨基吡啶(DMAP)。

四、实验步骤

1. 分析方法的建立

(1) 相对校正因子的测定。

分别称量 m_1g 呋喃、m_2g 乙酐、m_3g 乙酸、m_4g 2-乙酰呋喃混合到小样品瓶中，晃动样品瓶使其混合均匀。待气相色谱准备好后，使用 1μL 进样器，进样 0. 4μL。测得呋喃、乙酐、乙酸、2-乙酰呋喃色谱峰面积分别为 A_1、A_2、A_3、A_4。进样 5 次以上，取平行性好的 3 次或者全部 5 次结果的平均值进行相对校正因子计算。选取呋喃为标准物质，令其校正因子为 1，峰面积为 A_s，i 组分的峰面积为 A_i，则其相对校正因子根据公式：$f'=\frac{A_s\times m_i}{A_i\times m_s}$（$A_s$ 与 A_i 分别代表标准物与待测物峰面积；m_s 与 m_i 分别代表标准物和待测物质量）求得每个组分的校正因子，结果见表 3。

表 3　物质的相对校正因子

物质	呋喃	乙酸	乙酐	2-乙酰呋喃
相对校正因子	1	4. 1687	3. 683	1. 7394

(2) 归一法求浓度。

求出反应产物的浓度和呋喃、乙酐的转化率。

呋喃、乙酐浓度：

$$c_{呋喃}=\frac{A_{呋喃}}{A_{呋喃}+f'_{乙酐}\times A_{乙酐}+f'_{乙酸}\times A_{乙酸}+f'_{2-乙酰呋喃}\times A_{2-乙酰呋喃}}\times 100\% \quad (2)$$

$$c_{乙酐}=\frac{f'_{乙酐}\times A_{乙酐}}{A_{呋喃}+f'_{乙酐}\times A_{乙酐}+f'_{乙酸}\times A_{乙酸}+f'_{2-乙酰呋喃}\times A_{2-乙酰呋喃}}\times 100\% \quad (3)$$

呋喃的转化率：

$$Cov_{呋喃}=\frac{c_{呋喃,初始}-c_{呋喃,剩余}}{c_{呋喃,初始}}\times 100\% \quad (4)$$

乙酐的转化率：

$$Cov_{乙酐}=\frac{c_{乙酐,初始}-c_{乙酐,剩余}}{c_{乙酐,初始}}\times 100\% \quad (5)$$

2. 釜式反应及催化剂的筛选

称取 62g 乙酐(约 0. 6mol)、呋喃 27. 5g(约 0. 4mol)，分别称取 1g$FeCl_3$和 1g$ZnCl_2$催化剂。

五、实验数据记录表格

1. 相对校正因子的测定(必做)

(1) 混合物配制。

酰基化反应物料见表 4。

表 4　酰基化反应物料表

呋喃 m_1	乙酐 m_2	2-乙酰呋喃 m_3	乙酸 m_4

(2) 色谱峰测定。

酰基化反应标准品色谱分析记录见表 5。

表 5　酰基化反应标准品色谱分析记录表

物质	测试 1		测试 2		测试 3		测试 4	
	停留时间/min	峰面积/(mA·s)	停留时间/min	峰面积/(mA·s)	停留时间/min	峰面积/(mA·s)	停留时间/min	峰面积/(mA·s)
呋喃								
乙酐								
2-乙酰呋喃								
乙酸								

2. 釜式反应实验(必做)

釜式酰基化反应分析记录见表 6。

表 6　釜式酰基化反应分析记录表

物质	0min		15min		30min		45min	
	停留时间/min	峰面积/(mA·s)	停留时间/min	峰面积/(mA·s)	停留时间/min	峰面积/(mA·s)	停留时间/min	峰面积/(mA·s)
呋喃								
乙酐								
2-乙酰呋喃								
乙酸								

3. 催化剂筛选(选做)

釜式酰基化反应催化剂筛选实验记录列于表 7。

表 7　釜式酰基化反应催化剂筛选实验记录表

物质	催化剂 1				催化剂 2			
	0min	15min	30min	45min	0min	15min	30min	45min
呋喃								
乙酐								
2-乙酰呋喃								
乙酸								

4. 平推流反应结果

平推流酰基化反应数据记录列于表8。

表8 平推流酰基化反应数据记录表

物质	反应前		反应后	
	停留时间/min	峰面积/(mA·s)	停留时间/min	峰面积/(mA·s)
呋喃				
乙酐				
2-乙酰呋喃				
乙酸				

5. 减压蒸馏

减压蒸馏称重法数据记录列于表9。

表9 减压蒸馏称重法数据记录表 g

烧瓶 m_1	原料质量 m_2	蒸出产物质量 m_3	剩余固渣质量 m_4

减压蒸馏色谱法数据记录列于表10。

表10 减压蒸馏色谱法数据记录表

物质	原料		反应产物	
	停留时间/min	峰面积/(mA·s)	停留时间/min	峰面积/(mA·s)
呋喃				
乙酐				
2-乙酰呋喃				
乙酸				

6. 减压蒸馏实验(选做)

真空度对减压蒸馏效果的影响实验数据列入表11。

表11 真空度对减压蒸馏效果的影响实验数据记录表

位置	物质	真空度1	真空度2	真空度3
		峰面积/(mA·s)	峰面积/(mA·s)	峰面积/(mA·s)
塔顶	呋喃			
	乙酐			
	2-乙酰呋喃			
	乙酸			
塔底	呋喃			
	乙酐			
	2-乙酰呋喃			
	乙酸			

六、实验数据处理

截取几张色谱图放入报告中。

1. 产物组成的测定

通过气相色谱法分析反应产物，由相对校正因子面积归一化，求出反应产物的中呋喃、乙酐、乙酸和2-乙酰呋喃的浓度。再计算呋喃和乙酐的转化率，以及2-乙酰呋喃的选择性。

呋喃、乙酐浓度由式(2)、式(3)计算得到。乙酸、2-乙酰呋喃的浓度可用类似的方法计算得到。

呋喃、乙酐的转化率由式(4)、式(5)计算得到。

2-乙酰呋喃的选择性：

$$S_{2-乙酰呋喃}=\frac{c_{2-乙酰呋喃}}{c_{2-乙酰呋喃计量比产量}}\times100\% \quad (6)$$

2. 计算$ZnCl_2$催化剂下各组分浓度

不同反应时间下各组分浓度记入表12。

表12　不同反应时间下各组分浓度记录表

浓度/%(质)	0min	15min	30min	45min
呋喃				
乙酐				
2-乙酰呋喃				
乙酸				

相同反应时间下呋喃和乙酐的转化率以及2-乙酰呋喃的选择性。

表13　相同反应时间下呋喃和乙酐的转化率以及2-乙酰呋喃的选择性记录表

转化率/选择性/%	0min	15min	30min	45min
呋喃				
乙酐				
2-乙酰呋喃				

将上述结果，以时间为横坐标作图(类似图6)。

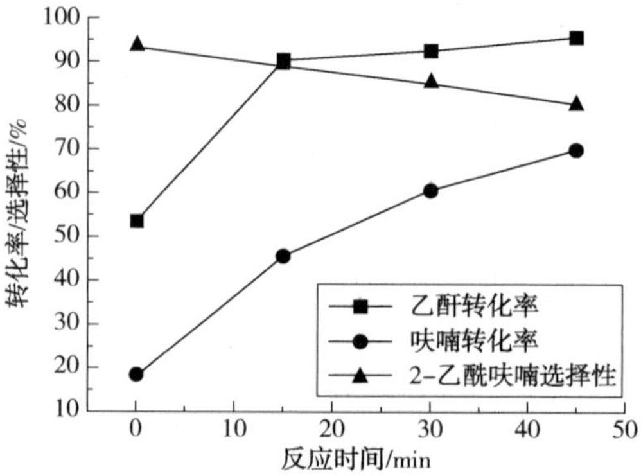

图6　反应体系随反应时间的变化情况

3. 计算平推流反应器反应结果

根据式(2)和式(3)分别计算反应后呋喃和乙酐的浓度，根据式(4)和式(5)分别计算反应后呋喃和乙酐的转化率，最后根据式(6)计算产物2–乙酰呋喃的选择性。

七、思考题

(1) 色谱分析定量方法有哪些？

(2) 试阐释乙酐与呋喃进行酰基化反应的机理。

(3) 什么是平推流管式反应器，有何特征？

实验十九　含挥发性有机物废气(VOCs)一体化净化专业综合实验

一、实验目的

(1) 了解 VOCs 尾气治理常用的方法，明确 VOCs 尾气治理过程的基本原理。

(2) 熟悉 VOCs 治理装置的构成及原理。

(3) 掌握 VOCs 装置净化烃、醇等有机废气的实操。

二、实验原理

含挥发性有机物废气(VOCs)一体化净化专业综合实验装置，是专业教师在开展大气尾气治理科研项目“基于吸附吸收技术的 VOCs 技术”以及在该领域所取得的科研成果成功转化案例的基础上，开发的 VOCs 综合治理化工专业大型综合实验；该实验项目突出工程实训，能增强学生的工程意识，并形成培养“化工+环境”学科交叉融合应用型工程技术人才的特色。

该 VOCs 尾气治理装置通过 VOCs 发生器产生不同类型的有机废气，通过系统的风机产生的负压使 VOCs 尾气由管道进入并联的四套有机废气治理系统(4 种工艺并联，阀门按需求自动切换)，进入设备前管道设有机废气浓度检测仪、风量测试仪(检测处理风量)、温度仪，能直观检测出废气相关数据，通过有机废气治理设备处理后进入离心风机，通过烟囱外排，烟囱设有检测平台。烟囱设置检测孔、气体排放废气浓度检测仪、风量测试仪(检测处理风量)、温度仪，能有效检测出不同污染物通过不同设备的净化效率，压力损失、漏风系数等有效数据。能直观体现在电控系统上，通过 DCS 系统进入监控室并能打印出相关参数。设备集四种不同的 VOCs 尾气治理工艺方案于一体，具体包括：

(1) 水溶性 VOCs 填料塔吸收湿法净化工艺。

(2) 非水溶性 VOCs 颗粒状活性炭吸附净化工艺。

(3) 蜂窝状活性炭吸附床-精滤-催化氧化燃烧净化工艺。

(4) 精滤-UV 光解氧化净化工艺。

装置可依据有机废气中不同的 VOC 成分，选择上述四种不同的工艺方案，几乎囊括了目前工业装置中配套尾气治理的所有方案。学生可分析尾气的 VOC 成分，选择相应的方案展开“化工+环境”方向专业交叉实验，具有十分强的综合性和学科交叉的特点，而且装置具有很强的工程背景，通过该装置的实训与实践活动，不仅能提高学生的环保意识及工程伦理，使其认识有关 VOCs 处理的方案对策，而且还能增强学生的工程意识，为学生毕业后从事相关环保治理方面的工作打下良好的理论与工程实践基础。

本装置上述四个工艺均为独立系统，现分别介绍这些独立 VOCs 尾气净化工艺过程的基本原理：

1. 水溶性 VOCs 填料塔吸收湿法净化工艺

（1）主要流程。

VOCs 废气 → 切换阀门 → 水洗塔 → 精滤除湿 → 离心风机 → 烟囱排出

（2）VOCs 净化原理。

湿法净化水溶性 VOCs 采用二段逆流喷淋。废气与水溶液在塔内填料层进行充分传质，污染物能溶于水。气体由离心风机吸入净化塔底部并向上流动，由喷嘴喷出的水溶液向下喷淋，从净化塔第二级喷出的水溶液与上升的气体进行气液充分接触，吸收中和后的液体往下湿淋第二级滤料层，使从下往上升的气体得到气液接触再次吸收溶解，水溶液再向下湿淋第一级滤料层，再一次获得气液相接触吸收溶解的作用，从而延长了该滤料层的气液接触时间，使气体通过滤料层后污染物浓度急剧下降，因为污染物气体是自下往上升，因此通过第一级滤料层的污染物浓度最高，这样使高浓度的气体曲折地从滤料间隙通过向上升时，与向下流动的水溶液接触吸收溶解，气体通过该滤料层后浓度急剧下降再经过一排水溶液喷淋，气体与吸收液溶解后，浓度急剧下降，然后再经过一个滤料层和一排液喷淋的接触吸收溶解，使气体的浓度净化后达到设计规定要求。净化气体通过挡液板和气液网，去除掉气体中夹带的水分，经风管排入大气。

（3）关键设备构造。

该装置关键设备主要包括：循环水箱、水箱导流系统、净化装置、喷淋系统、除雾系统、除水系统等。设备采用 PP 材料制作，可抵抗强酸碱及盐分的腐蚀，在长期运转使用状况下，不受其他因素氧化腐蚀。

① 水洗塔设备。

水洗塔型号	YXRT-TL-8	处理风量	$2000m^3/h$
外形尺寸	ϕ800mm×H5200mm	空塔速度	1.1m/s
填料类型	多面球	填料高度	1500mm
喷淋级数	2 级	填料数量	$0.8m^3$

② 精滤除湿设备：规格型号 YXRT-CS，处理风量 $2000m^3/h$，外形尺寸为 1400mm×1200mm×1200mm。精滤除湿设备主要由中效过滤毡、格栅等组成。精滤除湿设备的主要作用是分离直径大于 5μm 的颗粒。

③ 离心风机(4 套工艺共用，下同)。

风量	$3000m^3/h$	全压	2000Pa
电机功率	4kW	噪声值	<85dBA
材质	碳钢		

④ 电气控制柜：室外双层防御型，采用变频启动，控制流程：a. 当置于单独控制时各项设备可单独激活。b. 在发生故障时，指示灯及警铃需能造成视觉及听觉上的反应，听觉的反应(警铃)可以手动消除，在修复故障前，指示灯则必须一直亮着，直至故障排除。

⑤ 排气筒(4 套工艺共用)：规格 ϕ300mm×15000mm，材质 Q235，板厚 5.0mm。

2. 非水溶性 VOCs 颗粒状活性炭吸附净化工艺

（1）主要流程。

VOCs 废气 → 切换阀门 → 干法精滤设备 → 装有颗粒状活性炭吸附罐 → 溶剂回收设备 → 离心风机 → 烟囱

（2）VOCs 净化原理。

活性炭对废气吸附的特点：①对芳香族化合物的吸附优于对非芳香族化合物的吸附。②对带有支链的烃类物理的吸附优于对直链烃类物质的吸附。③对有机物中含有无机基团物质的吸附总是低于不含无机基团物质的吸附。④对分子量大和沸点高的化合物的吸附总是高于分子量小和沸点低的化合物的吸附。⑤吸附质浓度越高，吸附量也越高。⑥吸附剂内表面积越大，吸附量越高。

吸附活性：活性是表征吸附剂性能的重要标志。活性分为静活性与动活性。静活性是指气体混合物中吸附质在一定温度和浓度下，达到吸附平衡时，单位体积或重量的吸附剂所能吸附的最大量。动活性是指在同样条件下，气体混合物通过吸附剂床层，在离开的气体混合物中开始出现吸附时，吸附剂的吸附能力。

该工艺分两部分：一是吸附；二是脱附再生。

① 吸附过程：废气经空气过滤器除去大于 1μm 的微小悬浮颗粒后，进入吸附罐顶部/底部，经过罐内活性炭吸附后，除去有害成分，符合排放标准的净化气体从罐中心排出，经离心风机排到烟囱。

② 脱附再生过程：活性炭使用一段时间吸附了一定量的溶剂后（使用时间长短，根据排出气体中的含量和生产时间长短而定）应使其再生。再生时用小于 1kg/cm^2 蒸汽自塔底部喷入，把活性炭中吸附的溶剂蒸出。再经过冷凝器冷凝成液体，进入分离筒，分离回收有机溶剂，残液进曝气筒经过曝气后排出。

（3）关键设备构造。

① 干法精滤设备。

规格型号	YXRT-CS	处理风量	2000m^3/h
外形尺寸/mm	1400×1200×1200	本体材质	不锈钢（SUS304）

附属装置：丝网过滤器、过滤毡、差压计、设备基座等。

② 颗粒状活性炭吸附床（1 用 1 备）。

配套设施：冷凝器、分离器、曝气筒、废液回收器、换热器、烘干风机、切换阀门等。

设备规格型号	YXRT-YJ-800	处理风量	2000m^3/h
废气类型	苯、酮、醇、醛、烷、酚、酯	吸入浓度	<800mg/m^3
吸入温度	<45℃	净化效率	85%~90%
过滤面积	1m^2	过滤风速	≤0.6m/s
吸附剂	φ6~8mm 颗粒状活性炭	吸附剂总装载量	1m^3
活性炭层厚度	500mm	活性炭再生周期	≤120h
活性炭更换周期	10000h	活性炭种类	煤质
活性炭碘值	1100	活性炭比重	<550kg/m^3

续表

吸附设备压损	≤1200Pa	外形尺寸	φ800mm×3000mm
冷凝器规格	φ500mm×2500mm	冷凝面积	27m^2
冷却水量	0.2t	冷却水耗量	<0.03t/h/塔
再生蒸汽耗量	40kg	单位蒸汽耗量	0.02~0.03t
活性炭再生时间	6~10h	再生加热时间	2~4h
再生后烘干时间	3~4h		

3. 蜂窝状活性炭吸附床-精滤-催化氧化燃烧净化工艺

（1）主要流程。

VOCs 废气 → 切换阀门 → 干法精滤设备 → 蜂窝状活性炭吸附床—催化氧化设备 → 离心风机 → 烟囱

（2）VOCs 净化原理。

净化原理是先通过活性炭吸附，其实质是利用活性炭吸附的特性把低浓度大风量废气中的有机溶剂吸附到活性炭中并浓缩，经活性炭吸附净化后的气体直接排空，其实质是一个吸附浓缩的过程。并没有把有机溶剂处理掉，是一个物理过程。吸附后床层中的有机物是通过以下方式进行后续处理的：吸附尾气由阻火器过滤后，经主进阀、旁通阀的同步反向切换调节进入热交换器，先通过热交换器的换热升高一定温度后进入预热室，经过预热室的加热，使废气升温到催化起燃温度（~250℃）；然后进入催化反应床，在催化剂的活性作用下，有机废气进行氧化反应生成无害的水和二氧化碳，并放出一定的热量。反应后的高温气体再次进入热交换器，经换热后以较低的温度经引风机排入大气。

（3）关键设备构造。

主要部件包括：

① 干法精滤设备。

干法精滤设备主要由中效过滤毡、格栅等组成。干法精滤设备的主要作用是分离直径大于 5μm 的颗粒。其设备主要规格指标见 2. 非水溶性 VOCs 颗粒状活性炭吸附净化工艺中（3）关键设备构造。

② 蜂窝状活性炭吸附床—催化氧化再生设备。

包括：YXRT-YJ 型蜂窝状活性炭吸附器和 YXRT-CH 型催化式热力氧化器。

a. YXRT-YJ 型蜂窝状活性炭吸附床（1 吸 1 脱）。

规格型号	YXRT-YJ-2 型	处理风量	2000m^3/h
废气处理类型	苯、酮、醇、醛、烷、酚、酯等	吸入浓度	<800mg/m^3
吸入温度	<45℃	净化效率	85%~90%
过滤面积	0.8m^2	过滤风速	≤1.20m/s
吸附剂	蜂窝活性炭 100mm×100mm×100mm	总装载量	0.96m^3
再生周期	≤120h	更换周期	10000h
设备压损	≤1200Pa	外形尺寸	2300mm×800mm×5000mm

b. YXRT-CH 型催化式热力氧化器。

规格型号	YT-CH-30 型	处理风量	1100m³/h
废气处理类型	苯、酮、醇、醛、烷、酚、酯等	吸入浓度	>2000g/m³(混合废气 1/4 爆炸极限)
吸入温度	≥100℃，200℃最佳	预热温度	220~260℃
净化效率	≥99%	催化剂	负载 Pt，颗粒状
催化氧化电加热管	Q3 型，380V/2kW×42 支	启动总功率	39kW
脱附功率	风机 3kW	电加热功率	36kW
外形尺寸	1500mm×1200mm×1000mm	材质	Q235

附属装置：防火阀、表面管路阀门、催化氧化室、换热装置、脱附风机设备基座等。

4. 精滤-UV 光解氧化净化工艺

(1) 主要流程。

VOCs 废气 → 切换阀门 → 一体化精滤—UV 光解氧化设备 → 离心风机 → 烟囱

(2) VOCs 净化原理。

光氧催化技术原理图解。

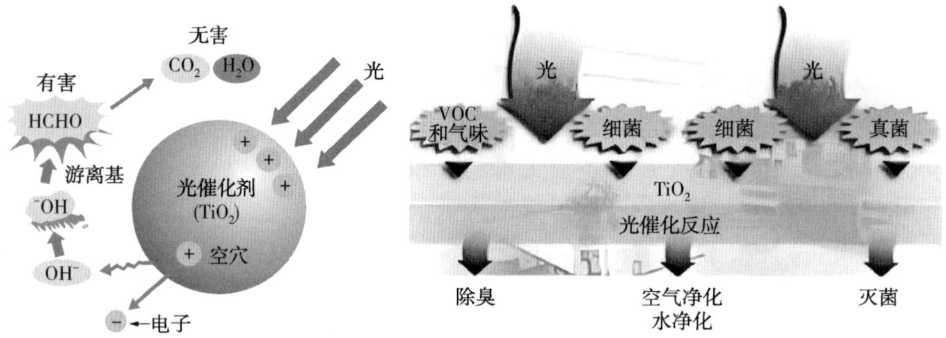

当二氧化钛超微粒子接受波长为 257.3nm 以下的紫外线照射时，其内部由于吸收光能而激发产生电子及空穴对，即光生载流子，然后迅速迁移到其表面并激活被吸附的氧和水分，产生活性自由氢氧基(·OH)和活性氧(·O)。活性自由基·OH、·O 等具有极强的氧化能力，可氧化分解各种有机化合物和部分无机物，把有机污染物分解成无污染的水(H_2O)和二氧化碳(CO_2)。此种方法强氧化性自由基产生的条件温和，因此适用范围较广，是目前业内公认的比较先进的空气净化系统。光催化净化系统能够氧化、分解多种类型的有机物及还原性无机物，使空气中的污染物质浓度大幅度降低，有卓越的净化效果和广谱性，被业界誉为“空气抗生素”。

UV 光解氧化设备原理是光氢离子发生管及其光触媒材料共同作用下，使塔内气体在催化环境中发生化学反应，空气中产生氧离子及氢氧自由基，使绝大部分有机废气及还原性气体被氧化，生成二氧化碳、水蒸气等无害气体。废气经过该净化塔净化处理后即可达到国家废气排放标准。

(3) 关键设备构造。

关键设备包括：一体化精滤设备(同前，不再说明)以及 UV 光解氧化设备。

UV 光解氧化设备说明以及与安全相关的注意事项：

① 分为“手动”及“自动”。UV 光解氧化设备在风机启动 1min 后(时间可通过 PLC 进行设置)自动开启；调至“自动”挡时则通过时间继电器自动延时开启 UV 光解氧化设备；风机停止前先关闭 UV 光解氧化设备，风机停止运行后 UV 光解氧化设备立即自动关闭。

② 每周检查系统设备电气控制是否正常。根据压差计压差变化情况判断是否堵塞。

③ 每月检查一次塔内是否有杂物，若有将其清除；过滤层是否破损，从前后检修门进入，但进入塔内之前须将风机及光催化塔、各系统阀门关闭，旁通阀打开，检修完毕工人离开之后关闭检修门再按照顺序启动各设备，绝对禁止工作人员在塔内开启风机。

④ 因光催化发生装置产生的光波对人体有伤害，所以光线不宜直接照射在人体上。

⑤ 紫外线灯管需要更换时务必请供应商公司专业技术人员或经过培训的工人进行更换、检修，在拆卸、安装检修时务必切断电源，关闭各系统阀门，旁通阀打开。UV 光解氧化设备须由专业人员进行检修，塔体后端均设有检修门，但进入塔内之前须将风机及紫外线灯管关闭。进风阀门关闭、旁通阀门打开，检修完毕待人员离开之后再关闭检修门。

⑥ 严禁风机运行时在无专业技术的人员要求的情况下关闭防火阀或调节风阀等，避免处理设备主体被抽真空而损坏。

⑦ UV 光解氧化设备配置。

配件名称	作用	品牌	备注
整机外壳	保护设备内部材料	亚天	304 不锈钢(防腐型)1.5mm 厚
C 波段 UV 灯（特质石英管材，厚 0.55mm）	同时辐射 253.7nm 和 185nm 两种紫外线； 能破坏病毒、细菌和其他微生物； 切断分子链改变结构	德国贺利氏	能够充分保护紫外线的辐射强度。辐射 253.7nm 紫外线进行裂解分子； 辐射 185nm 紫外线，电离空气产生臭氧，臭氧是强氧化剂，有杀菌除味作用
催化板（特制催化剂）	加快氧化还原反应进程	特制	主要含二氧化钛催化剂
过滤网	过滤颗粒物保护灯管	亚天	特制
高温胶	黏合灯管顶端，起到固定灯管的作用，防止工作中摆动	国产	高温、抗紫外线、氧化密封胶，耐温 260℃
电气控制系统	控制主机的运行	亚天	手动控制
镇流器	预热启动，有利于灯管寿命的延长； 可以增强和自动调节紫外线辐射强度	亚天	紫外线灯只有和电子镇流器完美匹配，整个紫外线系统才能发挥最佳的杀菌功能
散热系统	降低设备内部的温度，保证紫外线灯的 40~60℃最佳工作环境	国产	多个专用散热风机
电控绝缘板	PTFE，耐腐蚀，耐高温，抗酸碱，抗老化，抗氧化，水解，抗绝缘	国产	独立模块控制，断电、漏电、过压保护系统控制模块：三防设计
工作条件	最适合温度小于 70℃，pH 值 6~8	—	—

三、系统说明及操作步骤

本控制系统包含了 4 套实验设备的控制，分别是活性炭吸附催化燃烧设备、活性炭吸附蒸汽冷凝回收设备、水(液体)喷淋吸收设备、UV 光解氧化设备，每套设备均为独立控制。开车前的准备工作主要包括：①依次检查各设备的仪表及水、电线路；②电源开关、水管手动阀门等需要手动开启的确认开启；③检查系统是否存在故障及报警。

下面分别就几套独立运行的装置进行逐一说明。

1. 活性炭吸附催化燃烧设备控制系统操作

（1）控制原理概述。

活性炭吸附催化燃烧设备主要分为两个部分：吸附和脱附。

活性炭吸附主要功能是将有机废气在风机的带动下通过过滤器、活性炭吸附床，使有机废气在吸附床内被蜂窝活性炭吸附而净化。净化后的空气通过烟囱排向大气。根据排放浓度、工作时间及总排风量等因素，当吸附床吸附容量达到设定值后，该吸附床停止吸附运行转入脱附。

脱附主要由热风机、催化燃烧床、加热室和热交换器和活性炭室相应的阀门、保温管道组成。主要功能是利用催化燃烧床产生的热空气来脱附活性炭床蜂窝活性炭中被吸附的有机物，脱附下来的有机物在脱附风机带动下送入催化燃烧床，在催化剂的作用下转化为 CO_2 和 H_2O 并释放出热量。

（2）操作流程。

① 将装置自带的控制柜上端旋钮打至自动。

② 打开装置 DCS 控制电脑，双击 DCS 控制程序进入监控系统画面，如图 1 所示。

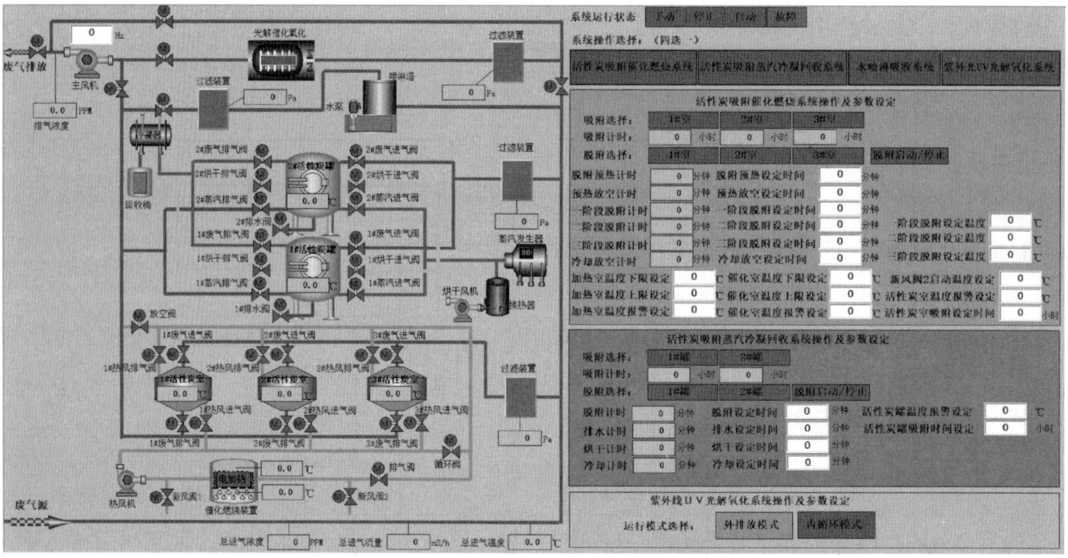

图 1　VOCs 一体化净化实验装置 DCS 控制界面

③ 此时系统运行状态显示“自动”，在系统操作选择的四个选项中选择活性炭吸附催化燃烧系统。

④ 再选择需要使用的吸附室，系统将自动打开相应的吸附室阀门。

⑤ 待阀门打开并反馈已开到位的信号后，启动系统的总风机，同时，通过调整风机变频电机的频率来设定风机的转速，进而设定风机的抽风量。同时需要确认风机运行是否正常。此时，带有 VOCs 的气体进入规定的活性炭室，系统随即进入吸附状态。

⑥ 当某吸附室吸附 VOCs 达到饱和，需要进行脱附运行时，选择吸附时需要投入使用的 1#、2#、3#室。相应按钮绿色即为选择投用，红色即为停用(注意：a. 只能选择 1#、2#、

$3^{\#}$室其中之一；b. 只能选择“吸附系统”中停用的吸附室）。

⑦ 选定后点击该画面的“脱附启动/停止”按钮，该按钮变成绿色即表示脱附启动，启动后根据设定好的脱附数据自动运行，完成后自动关闭。

（3）脱附系统自动运行的流程。

① 脱附系统的预热。

a. 脱附系统启动后，热风机启动。

b. 打开排气阀、循环阀、电加热（根据加热室、催化室设定温度启停）进行预热，达到“脱附预热定时设定”的设定时间后，系统将自动启动下一流程。

② 脱附系统的预热放空。

a. 预热完成后，关闭电加热→打开热风机→关闭排气阀→打开循环阀→关闭新风阀。

b. 打开新风阀→打开放空阀进行放空，达到“预热放空定时设定”的设定时间后进行下一流程。

③ 一段脱附。

放空完成后，打开“脱附系统”中选定的吸附室，进行一段脱附。打开热风机、电加热（根据加热室、催化室设定温度启停），并根据“一段脱附温度设定”的值通过控制排气阀、新风阀、放空阀，控制加热室、催化室、各个吸附罐和吸附室温度，达到“一段脱附定时设定”的设定时间后进行下一流程。

④ 二段脱附。

同一段脱附，不同之处在于根据“二段脱附温度设定”的值控制脱附，达到“二段脱附定时设定”的设定时间后进行下一流程。

⑤ 三段脱附。

同一段脱附，不同之处在于根据“三段脱附温度设定”的值控制脱附，达到“三段脱附定时设定”的设定时间后进行下一流程。

⑥ 冷却放空。

a. 三段脱附完成后，进行冷却放空。关闭电加热→打开热风机→关闭排气阀→关闭循环阀→关闭新风阀 1→打开新风阀 2→打开放空阀进行放空，达到“冷却放空定时设定”的设定时间后即完成一次脱附。

b. 当加热室温度达到加热室的“下限设定”温度或者催化室温度达到催化室的“下限设定”温度时，电加热启动。

c. 当加热室温度达到加热室的“上限设定”温度或者催化室温度达到催化室的“上限设定”温度时，电加热停止。

2. 活性炭吸附蒸汽冷凝回收设备控制系统操作

（1）控制原理概述。

活性炭吸附蒸汽冷凝回收设备主要分为三个部分：废气吸附、蒸汽脱附、干燥降温。

① 废气吸附系统：包含 2 个废气吸附罐、引风机、吸附罐配套的废气进出阀门。主要功能是将有机废气在风机的带动下通过过滤器、活性炭吸附罐，使有机废气在吸附罐内被颗粒活性炭吸附而净化。净化后的空气通过烟囱排向大气。根据排放浓度、工作时间及总排风量等因素，当吸附床吸附容量达到设定值后，该吸附床停止吸附运行转入脱附。

② 蒸汽脱附系统：主要是与吸附罐相连的蒸汽系统，蒸汽脱附系统包括吸附罐配套的阀门、冷凝器、冷凝液箱、冷凝液输送水泵等。该系统主要是带有一定压力的饱和蒸汽

通过减压后送入已吸附的吸附罐，利用高温蒸汽进行热交换，对活性炭床层进行升温，将活性炭吸附的有机物通过蒸汽从活性炭中解析出来，在脱附过程中，脱附出的有机溶剂蒸汽与水蒸气经过蒸汽的吹扫，通过出口蒸汽阀门进入冷凝器凝结，冷凝后的溶剂流入冷凝液箱。当任一碳罐进入蒸汽解析阶段时，系统将自动关闭该罐的进出废气气动阀门，然后自动打开该罐的进出蒸汽阀门，当蒸汽解析完成后，系统将自动切入空气干燥程序。

③ 干燥降温系统：经蒸汽解析后的活性炭温度较高、湿度大，必须经过新鲜干空气干燥降温一定时间确保吸附系统处于较低的工作温度，才能有利于下一循环将要进行的吸附过程。该系统包括干燥风机一台、换热器一台、干燥阀门等，干燥时间、干燥风机以及干空气进出阀门采用自动控制。

（2）工艺操作流程。

① 将控制柜旋钮打至自动。

② 打开电脑，进入系统监控 DCS 界面，如图 1 所示。

③ 此时系统运行状态显示自动，在系统操作选择的四个选项中选择活性炭吸附蒸汽冷凝回收系统。

④ 选择需要使用的吸附室，系统自动打开相应的吸附室阀门。

⑤ 待阀门打开并反馈开到位信号后，风机启动，调整风机频率设定，确认风机运行正常，系统进入吸附状态。

⑥ 选择吸附时需要投入使用的 1#、2#罐。相应按钮绿色即为选择投用，红色即为停用(注意：a. 只能选择 1#、2#罐其中之一；b. 只能选择“吸附系统”中停用的吸附罐)。

⑦ 选定后点击该画面的“脱附操作”按钮，该按钮变成绿色即表示脱附启动，启动后根据设定好的脱附数据自动运行，完成后自动关闭。

⑧ 脱附系统将自动按如下流程进行：

a. 脱附系统的蒸汽解析：脱附系统启动后，蒸汽进排气阀打开；打开冷凝器循环水阀门。达到“脱附定时设定”的设定时间后进行下一流程。

b. 脱附系统的排水：蒸汽脱附完成后，关闭蒸汽进排气阀，打开排水阀。进行冷凝水排水，达到“排水定时设定”的设定时间后进行下一流程。

c. 脱附系统的烘干：放空完成后，打开“脱附系统”中选定的脱附室烘干进排气阀门，进行干燥。打开烘干风机、换热器蒸汽进气阀，达到“烘干定时设定”的设定时间后进行下一流程。

d. 脱附系统的冷却：烘干完成后，进行冷却，关闭换热器蒸汽进气阀门，关闭蒸汽发生器进行冷却，达到“冷却定时设定”的设定时间后即完成一次脱附。

此时，再生后的吸附罐处于备用状态。

3. 水(液体)喷淋吸收设备控制系统操作

（1）控制原理概述。

喷淋塔水喷淋工艺属于吸收法处理，可分为化学吸收和物理吸收，水性漆喷淋吸收属于物理吸收。物理吸收要求吸收剂应与吸收组分有较高的亲和力，低挥发性，吸收液饱和进行水处理后可重新使用。本法适合于中低浓度的废气，同时需要处理二次污染问题。

废气由收集管道引入喷淋塔，在塔内填料层与水溶液充分接触，并使之溶于水分子中，再经过除雾，净化后的废气由风机排入烟囱。水溶液在水泵作用下于喷淋塔顶部喷出，最后回流至塔底水箱循环使用。

(2) 工艺操作流程。

① 将控制柜旋钮打至自动。

② 打开电脑，进入系统监控 DCS 界面，如图 1 所示。

③ 进入界面后，系统运行状态显示自动，在系统操作选择的四个选项中选择水喷淋吸收系统。

④ 风机启动后，调整风机频率设定，确认风机运行正常，系统进入吸附状态。

⑤ 根据尾气中的 VOCs 含量以及喷淋循环水中可溶性有机物的浓度确定是否需要置换循环水。

4. UV 光解氧化设备控制系统操作

(1) 控制原理概述。

UV 光解催化氧化设备内，高能紫外线光束与空气、TiO_2反应产生的臭氧、·OH(羟基自由基)对有机气体进行协同分解氧化反应，同时大分子有机气体在紫外线作用下使其链结构断裂，使有机气体物质转化为无臭味的小分子化合物或者完全矿化，生成水和 CO_2，达标后经排风管排入大气。

(2) 工艺操作流程。

① 将控制柜旋钮打至自动。

② 打开电脑，进入系统监控 DCS 界面，如图 1 所示。

③ 进入界面后，系统运行状态显示自动，在系统操作选择的四个选项中选择 UV 光解氧化系统。

④ 风机启动后，调整风机频率设定，确认风机运行正常，系统进入吸附状态。

⑤ UV 光解氧化系统有两种运行模式：一种是外排放模式，废气经过设备处理后直接排放；另一种是内循环模式，废气在循环管道内循环，直至完全处理。需要选择其中一种模式操作。

四、实验数据记录与处理

1. 活性炭吸附催化燃烧工艺实验数据记录与处理

(1) VOCs 种类：　　　；

(2) 吸附室编号：　　　；

(3) 变频总风机的频率：　　　；进入系统风量：　　　m^3/h；

(4) 进入系统 VOCs 的浓度：　　　mg/m^3；

(5) 出系统 VOCs 的浓度：　　　mg/m^3；

(6) 系统 VOCs 脱除率：　　　%；

(7) 脱附操作数据记录：

脱附罐编号：　　　；

脱附操作风量：　　　mg/m^3；

脱附操作温度：　　　℃；

催化燃烧室温度：　　　℃。

2. 活性炭吸附蒸汽冷凝回收工艺实验数据记录与处理

(1) VOCs 种类：　　　；

(2) 吸附塔编号：　　；
(3) 变频总风机的频率：　　；进入系统风量：　　m^3/h；
(4) 进入系统 VOCs 的浓度：　　mg/m^3；
(5) 出系统 VOCs 的浓度：　　mg/m^3；
(6) 系统 VOCs 脱除率：　　%。

3. 水(液体)喷淋吸收工艺实验数据记录与处理

(1) VOCs 种类：　　；
(2) 变频总风机的频率：　　；进入系统风量：　　m^3/h；
(3) 进入系统 VOCs 的浓度：　　mg/m^3；
(4) 出系统 VOCs 的浓度：　　mg/m^3；
(5) 循环水量：　　m^3/h；
(6) 循环水中有机物含量：　　%(质)；
(7) 系统 VOCs 脱除率：　　%。

4. UV 光解氧化工艺实验数据记录与处理

(1) VOCs 种类：　　；
(2) 变频总风机的频率：　　；进入系统风量：　　m^3/h；
(3) 进入系统 VOCs 的浓度：　　mg/m^3；
(4) 出系统 VOCs 的浓度：　　mg/m^3；
(5) 系统 VOCs 脱除率：　　%。

五、思考题

(1) 在工业上实际产生 VOCs 的场所包括哪些种类？并可能产生何种类型的 VOCs 气体？这些气体不经处理会对环境造成哪些影响？

(2) 根据 VOCs 气体的性质分类，请查阅文献，除了本实验所介绍的这些净化方法，还有哪些工业上采用的可行的方法用于处理 VOCs 尾气？

(3) 某生产锂电池采用 $68^{\#}$白油将 PE(高密度聚乙烯)粒子在一定温度下溶解后，通过成膜工艺生产锂电池的隔膜。生产过程中需要采用二氯甲烷将 PE 膜上的白油洗脱下来，以免影响锂电池的性能。由于二氯甲烷沸点低，挥发性强，生产过程中产生含有二氯甲烷的 VOC 气体，需要进行净化处理达标后排放，请通过你所掌握的有关 VOCs 治理的原理与方法以及二氯甲烷的性质，合理地设计二氯甲烷 VOC 尾气治理工艺流程，并画出流程示意图。

附录

附表 1　饱和氟利昂 12(R12)蒸气表

温度/℃	绝对压力/bar	比容/(L/kg)		比焓/(kJ/kg)		比潜热/(kJ/kg)	比熵/[kJ/(kg·K)]	
t	p	v'	v''	h'	h''	l	s'	s''
-55	0.300	0.641	492.11	150.70	326.91	176.21	0.7995	1.6072
-50	0.392	0.647	384.11	155.06	329.30	174.24	0.8192	1.6000
-45	0.505	0.653	303.59	159.45	331.69	172.24	0.8386	1.5936
-40	0.642	0.659	242.72	163.85	334.07	170.22	0.8576	1.5877
-35	0.807	0.665	196.12	168.27	336.44	168.17	0.8764	1.5825
-30	1.005	0.672	160.01	172.72	338.80	166.08	0.8948	1.5779
-25	1.237	0.678	131.73	177.20	341.15	163.95	0.9130	1.5737
-20	1.510	0.685	109.34	181.70	343.48	161.78	0.9309	1.5699
-15	1.827	0.693	91.45	186.23	345.78	159.55	0.9485	1.5666
-10	2.193	0.700	77.03	190.78	348.06	157.28	0.9659	1.5636
-9	2.772	0.702	74.49	191.71	348.52	156.81	0.9693	1.5630
-8	2.354	0.703	72.05	192.62	348.97	156.35	0.9728	1.5625
-7	2.437	0.705	69.70	193.54	349.42	155.88	0.9762	1.5619
-6	2.523	0.706	67.46	194.46	349.87	155.41	0.9796	1.5614
-5	2.612	0.708	65.29	195.38	350.32	154.94	0.9830	1.5609
-4	2.702	0.710	63.22	196.30	350.76	154.46	0.9865	1.5604
-3	2.795	0.711	61.22	197.22	351.21	153.99	0.9899	1.5599
-2	2.891	0.713	59.30	198.15	351.65	153.50	0.9932	1.5594
-1	2.898	0.715	57.45	199.07	352.09	153.02	0.9966	1.5589
0	3.089	0.716	55.68	200.00	352.54	152.54	1.0000	1.5584
1	3.192	0.718	53.97	200.92	352.97	152.05	1.0034	1.5580
2	3.297	0.720	52.32	201.86	353.41	151.55	1.0067	1.5575
3	3.405	0.721	50.74	202.79	353.85	151.06	1.0101	1.5571
4	3.516	0.723	49.74	203.72	354.28	150.56	1.0134	1.5567
5	3.629	0.725	49.21	204.66	354.72	150.06	1.0168	1.5563
6	3.745	0.727	46.32	205.59	355.15	149.56	1.0201	1.5559
7	3.865	0.728	44.95	206.53	355.58	149.05	1.0234	1.5555
8	3.986	0.730	43.63	207.47	356.01	148.54	1.0267	1.5551

续表

温度/℃	绝对压力/bar	比容/(L/kg)		比焓/(kJ/kg)		比潜热/(kJ/kg)	比熵/[kJ/(kg·K)]	
t	p	v'	v''	h'	h''	l	s'	s''
9	4.111	0.732	42.36	208.42	356.44	148.02	1.0300	1.5547
10	4.238	0.734	41.13	209.35	356.86	147.51	1.0333	1.5543
12	4.502	0.738	38.80	211.25	357.71	146.46	1.0399	1.5536
14	4.778	0.741	36.63	213.14	358.54	145.40	1.0465	1.5529
16	5.067	0.745	34.81	215.05	359.37	144.32	1.0530	1.5522
18	5.368	0.749	32.71	216.97	360.20	143.23	1.0595	1.5515
20	5.682	0.753	30.94	218.88	361.01	142.13	1.0660	1.5509
22	6.011	0.757	29.29	220.81	361.81	141.00	1.0725	1.5502
24	6.352	0.762	27.73	222.75	362.61	139.86	1.0790	1.5496
26	6.709	0.766	26.28	224.69	363.39	138.70	1.0854	1.5491
28	7.080	0.770	24.91	226.65	364.17	137.52	1.0918	1.5485
30	7.465	0.775	23.63	228.62	364.94	136.32	1.0982	1.5479
32	7.867	0.779	22.42	230.59	365.69	135.10	1.1046	1.5474
34	8.284	0.784	21.29	232.59	366.44	133.85	1.1110	1.5468
36	8.717	0.789	20.22	234.59	367.17	132.58	1.1174	1.5463
38	9.167	0.794	19.21	236.60	367.80	131.29	1.1238	1.5457
40	9.634	0.799	18.26	238.62	368.60	129.98	1.1301	1.5452
42	10.118	0.804	17.36	240.68	369.29	128.63	1.1365	1.5447
44	10.620	0.810	16.52	242.71	369.97	127.26	1.1429	1.5441
46	11.140	0.815	15.72	244.78	370.64	125.86	1.1492	1.5436
48	11.679	0.821	14.96	246.86	371.29	124.43	1.1556	1.5431
50	12.236	0.827	14.24	248.96	371.92	122.96	1.1620	1.5425

附表 2　活塞式制冷压缩机(R12)的温度工况

为了便于比较不同活塞式制冷压缩机的工作性能，我国规定了四个温度工况，其中标准工况和空调工况可用来比较压缩机的制冷能力，最大工况和最大压差工况则为设计和考核压缩机的机械强度、耐磨寿命、阀片的合理性和配用电机的最大功率的指标。

活塞式制冷压缩机(R12)的温度工况　　℃

工况	蒸气温度	吸气温度	冷凝温度	再冷温度
标准工况	−15	+15	+30	+25
空调工况	+5	+15	+40	+35
最大功率工况	+10	+15	+50	+50
最大压差工况	−30	±0	+50	+50

附表 3 1.332kPa(10.0mmHg)压力下的温度与常压温度换算表

温度/℃	0	1	2	3	4	5	6	7	8	9
50	165.8	167.1	168.3	169.6	170.8	172.1	173.3	174.6	175.9	177.1
60	178.4	179.6	180.9	182.1	183.4	184.6	185.9	187.1	188.4	189.6
70	190.9	192.1	193.4	194.0	195.9	197.1	198.4	199.6	200.9	202.1
80	203.4	204.6	205.9	207.1	208.3	209.6	210.8	212.1	213.3	214.5
90	215.8	217.0	218.3	219.5	220.7	222.0	223.2	224.4	225.7	226.9
100	228.1	229.4	230.6	231.8	233.1	234.3	235.5	236.8	238.0	239.2
110	240.4	241.7	242.9	244.1	245.4	240.6	247.8	249.0	250.3	251.5
120	252.7	253.9	255.1	256.4	257.6	258.8	260.0	261.2	262.5	263.7
130	264.9	266.1	267.3	268.5	269.8	271.0	272.2	273.4	274.6	275.8
140	277.0	278.3	279.5	280.7	281.9	283.1	284.3	285.5	286.7	287.9
150	289.2	290.3	291.5	292.8	294.0	295.2	296.4	297.6	293.8	300.0
160	301.2	302.4	303.6	304.8	306.0	307.2	308.4	309.6	310.8	312.0
170	313.2	314.4	315.6	316.8	317.9	319.1	320.3	321.5	322.7	323.9
180	325.1	326.3	327.5	328.7	329.9	331.1	332.2	333.4	334.6	335.8
190	337.0	338.2	339.4	340.5	341.7	342.9	344.1	345.3	346.5	347.6
200	348.8	350.0	351.2	352.4	353.5	354.7	355.9	357.1	358.3	359.4
210	360.6	361.8	363.0	364.1	365.3	366.5	367.7	368.8	370.0	371.2
220	372.3	373.5	374.7	375.9	377.0	378.2	379.4	380.5	381.7	382.9
230	384.0	385.2	386.4	387.5	388.7	389.0	391.0	392.2	393.3	394.5
240	395.7	396.8	398.0	399.1	400.3	401.5	402.6	403.8	404.9	406.1
250	407.2	408.4	409.6	410.7	411.9	413.0	414.2	415.3	416.5	417.6

附表4　0.066kPa(0.5mmHg)压力下的温度与常压温度换算表

温度/℃	0	1	2	3	4	5	6	7	8	9
400	178.3	179.1	179.9	180.7	181.5	182.3	183.1	183.8	184.6	185.4
410	186.2	187.0	187.8	188.6	189.4	190.2	191.0	191.8	192.6	193.4
420	194.2	195.0	195.8	196.6	197.4	198.2	199.0	199.8	200.6	201.4
430	202.2	203.0	203.8	204.6	205.4	206.2	207.0	207.8	208.6	209.4
440	210.2	211.0	211.8	212.6	213.4	214.2	215.0	215.8	216.6	217.5
450	218.3	219.0	219.9	220.7	221.5	222.3	223.1	224.0	224.8	225.6
460	226.4	227.2	228.0	228.8	229.6	230.5	231.3	232.1	232.9	233.7
470	234.5	235.4	236.2	237.0	237.8	238.6	239.4	240.3	241.1	241.9
480	242.7	243.6	244.4	245.2	246.0	246.9	247.7	248.5	249.3	250.1
490	251.0	251.8	252.6	253.5	254.3	255.1	255.9	256.8	257.6	258.4
500	259.3	260.1	260.9	261.8	262.6	263.4	264.3	265.1	265.9	266.8
510	267.6	268.4	269.3	270.1	270.9	271.8	272.6	273.5	274.3	275.1
520	275.9	276.8	277.6	278.5	279.3	280.2	281.0	281.9	282.7	283.6
530	284.4	285.2	286.1	286.9	287.8	288.6	289.5	290.3	291.2	292.0
540	292.9	293.7	294.6	295.4	296.3	297.1	298.0	298.8	299.7	300.5
550	301.4	302.2	303.1	303.9	304.8	305.7	306.5	307.4	308.2	309.1
560	309.9	310.8	311.7	312.5	313.4	314.2				